プロっぽいセンスが身につく

デザインのきほん

木村宏明 Hiroaki Kimura

ソーテック社

はじめに

デザインには最初からセンスが必要と思われがちですが、必ずしもそうではありません。デザインには気をつけるべきポイントやコツがたくさんあります。それらを知識として押さえることでセンスは自然と身につき、伝わりやすく見栄えの良いデザインが作れるようになります。

本書は、そんなデザインを作るための大切な7つの基本を、たくさんの作例とともにわかりやすく解説しています。新米デザイナーはもちろん、デザイン初心者の方やデザインに興味のある方でも、楽しく直感的に「デザインの基本」が学べます。

また、応用編として、無数にあるデザインテクニックや表現手法の中から、特に使いやすいものや知っておくと役立つものを厳選し解説しています。アイディアに煮詰まったときや、作ったデザインがいまいち垢抜けないときなどにもお使いいただけます。

デザイン制作は困る・悩むの連続です。「ウーン…」と手が止まってしまったときの頼れる相棒として、この本があなたの力になれたらとても嬉しく思います。

木村 宏明

CONTENTS

本書の使い方

本書は、デザインの基礎からすぐに使える応用テクニックまで、たくさんの作例を通してわかりやすく解説しています。まずは作例を見て、なぜダメなのか、どうしたらよくなるのかを考えながら読み進めていただくと、より理解が深まります。

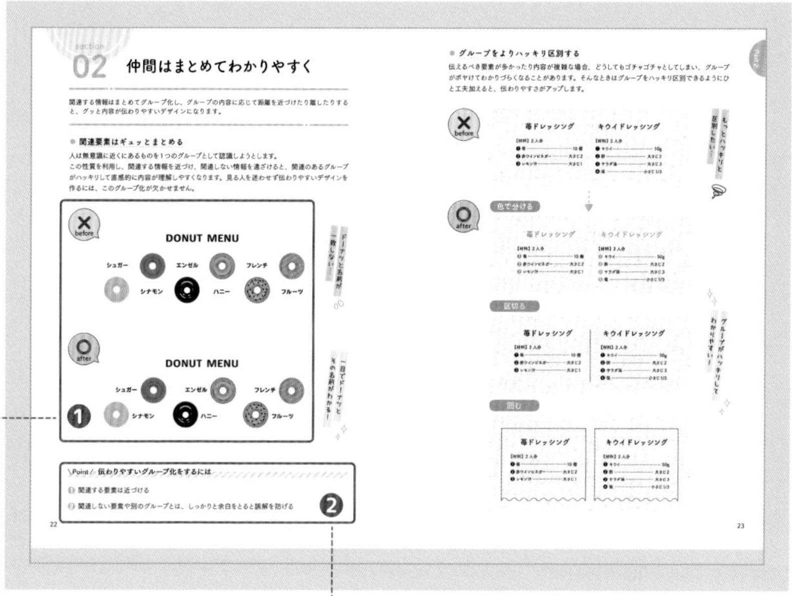

❶ 作例ビフォーアフター

作例のビフォーアフターを通してデザインがどのように改善されるかを示しています。

❷ Point

ページ内で解説した内容をうまく使いこなすコツや使用の注意点を解説しています。

アレンジ

ページ内で解説した内容のアレンジアイディアや使いやすいパターンを厳選して紹介しています。

\アレンジ/ 他にもいろいろ添えるだけ
何かを添えるだけでタイトルっぽくなるので、いろいろと試してみよう！
BEAUTY SALON
Sweet Candy
SWEET CANDY
SWEET CANDY
アーチ文字を
集中線を
分けたタイトルを

制作MEMO

デザインの豆知識や制作に関するアドバイスなど、知っておくと役立つ情報を解説しています。

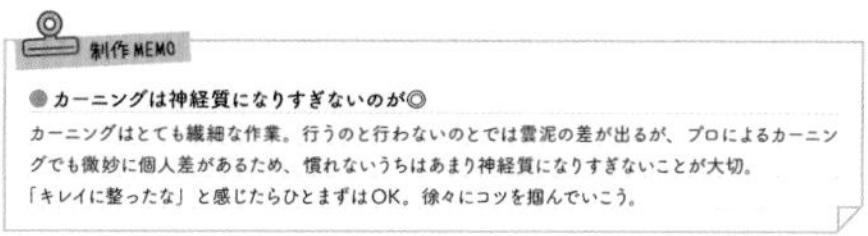

制作MEMO
カーニングは神経質になりすぎないのが◎
カーニングはとても繊細な作業。行うのと行わないのとでは雲泥の差が出るが、プロによるカーニングでも微妙に個人差があるため、慣れないうちはあまり神経質になりすぎないことが大切。
「キレイに整ったな」と感じたらひとまずはOK。徐々にコツを掴んでいこう。

❸ デザインテクニックの作例

日々のデザインに活かせるデザインテクニックや表現手法を作例を通して解説しています。

❹ 応用デザイン例

学んだ基本手法やテクニックを応用した作例を掲載しています。内容の理解を深めるだけでなく、アイディア出しのヒントとしても活用できます。

omake

実務ですぐに使える便利なデザインネタをまとめました。

column

デザインの小話やクオリティアップに役立つTIPSを掲載しています。

ご利用前に必ずお読みください

- 本書に掲載されている作例は全て架空のものです。
- 本書の作例に登場する人物、社名、商品名、キャンペーン、特集、イベント、日時、住所、電話番号、URL、メールアドレスなどは全て架空のもので実在するものではありません。本書の作例で使用している画像はpixabay（https://pixabay.com/ja/）、写真AC（https://www.photo-ac.com/）のものを使用しています。
- 本書の作例で使用しているイラストはイラストAC（https://www.ac-illust.com/）、Freepik(https://jp.freepik.com/）のものを使用しています。
- 本書に記載しているCMYKおよびRGBの数値は参考値となり、実際の印刷環境やディスプレイ環境などによって見え方が変わる可能性があります。
- 本書で紹介しているフォントや、作例に使用しているフォントは一部のフリーフォントを除きAdobe Fonts（https://fonts.adobe.com/）で提供されているものを使用しています。

Part 1

最初が肝心！
デザインする前に

section

01 デザインする前の情報整理

デザインを作ろうと思ったとき、すぐにデザインし始めていませんか？　ボンヤリしたイメージで作り始めると、制作中に迷子になったり、的はずれなデザインになってしまいがちです。具体的なテクニックを学ぶ前に、まずはデザインの下準備をしていきましょう。

良いデザインって？

いきなりですが、良いデザインってどんなデザインだと思いますか？　カッコイイもの、目立つもの、今までにない新しいもの…。どれも良いデザインといえそうですよね。
でも実は、これだけでは良いか悪いかの判断はできません。デザインの良し悪しは、カッコ良さや新しさではなく、目的に沿っているかどうかで判断します。極端にいえば、ものすごくカッコ悪いデザインでも、**目的にピッタリハマっていれば良いデザイン**といえるのです。

△ **良いデザインは、カッコイイ。**

△ **良いデザインは、目立つ。**

△ **良いデザインは、新しい。**

○ **良いデザインは、目的に沿っている。**

何のためのデザイン？

では、デザインの目的とはなんでしょうか？
デザインの目的とは、**クライアントや事業の意向を汲み取って実現したり、問題を見つけて解決策を示すこと**です。たとえば、わかりにくいものをわかりやすくしたり、新商品を覚えてもらいやすくしたり、お店にお客を集めることもデザインの目的です。そしてデザインは、これらの目的を達成するための手段です。

誰かに目的を聞かれたとき、即答できたらバッチリ！

「何のためにデザインをするのか」という目的をハッキリさせておくことが、デザイン制作ではとても大切です。
なぜなら、色・フォント・イラスト・写真などを選ぶとき、**この目的が全ての基準**になるからです。デザインの目的がブレなければ制作中の迷いは減り、完成するデザインのクオリティも格段にアップしますよ。

情報を整理する

それでは良いデザインを行うために、デザインの目的とそれに沿ったアプローチを整理していきましょう。具体的には「どんな結果を得るために、誰に、何を、どんな形で伝えるのか」を順に整理するだけです。「ゴールを達成するにはどうすればいいか?」と、ゴールから逆算して考えるのがコツです。

＼達成すべきゴールはなに？／

1 どんな結果を得たい?

デザインすることでどんなことを達成したいのか、ゴールを明確にします。

来店客を増やす
セールにたくさんお客様を呼びたい

応募を増やす
キャンペーンの参加率を上げたい

サービスの認知
サービスの存在を知ってもらいたい

＼対象になる人はどんな人？／

2 誰に?

どんな人向けにデザインするのか、
どんな人を対象にすると効果的なのかを明確にします。

20代・男性
会社員　独身

30代・女性
パート　子育て中

50代・男性
会社経営　ゴルフ好き

60代・女性
夫と二人暮らし　旅行

制作MEMO

● 案件によって条件は変わる

クライアントや予算などによって、一部の項目が制限・指定されている場合もあります。たとえ制限があっても、その中で何がベストかを考え整理することが大切です。

\ 伝えるのはどんなこと？ /

3 何を？

最も伝えるべきことを明確にします。そのほか日時・場所などの細かい情報は箇条書きし、優先度をつけておくと作りやすくなります。

\ どんなデザインが効果的？ /

4 どうやって伝える？

ターゲットに効果的に伝えるには、
いつ、どんな表現や方法でアプローチすればいいかを考えます。
ターゲットの生活スタイルや趣味嗜好をイメージするのも◎

section

02 ラフのすすめ

目的と情報がしっかり整理できたら、次に**ラフ**を描いていきます。
デザインは、全体イメージを作ってから細部を作り込むとスムーズです。いきなりパソコンで作業してしまうと、細部から作り始めたり、全体が見えないまま迷子になりがち。ラフを描くことで構成が固まり、結果的にデザインが早くなります。

整理と確認

それでは美容室のDMを例に、ラフを描いてデザインしてみましょう。進め方の一例なので、軽い気持ちでついてきてくださいね。まずは、前ページで解説した情報整理を行います。どんな目的でデザインするのか、どんなターゲットに向けて何を伝えるのかを明確にし、原稿と照らし合わせながらイメージを膨らませていきます。

デザインの目的

一周年記念を引き金として、休眠顧客を掘り起こし再来店を狙う。

得たい結果

休眠顧客の再来店

過去に利用があったお客様に再来店してもらいたい

ターゲット

主な利用層の
20代〜30代・女性

伝えること

割引

伝えかた

郵送DM・片面

原稿・内容

- お店のロゴ
- 1st Anniversary（コピー）
- All Menu 20%off（クーポン）
- おかげさまで当店は、開店1周年を迎えました。ささやかですが日頃の感謝を込めて、特別クーポンをお贈りします。スタッフ一同、ご来店をお待ちしております。（本文）

制作MEMO

ラフとは

ラフとはデザインの下書きのこと。ラフスケッチともいい、大まかにデザインを描いてアイディアを検討したり、クライアントにイメージを伝えるためにも作成する。取り組み方はデザイナーによって様々だが、ノートに手書きでどんどん描いていくのが手軽でオススメ。

いろいろな方向性で比べる

ラフを描くときは、細かい部分は気にせず大雑把でOKです。「目的を達成するには何を強く推すのが良いか」を意識して、いろいろな方向性で描き比べます。今回は、1周年記念ということで「**これまでの実績と技術力**」を推す方向で進めます。

写真がないと美容室感がないかも

お店らしさがイマイチ？

あくまで名目は一周年、セールス感が強すぎ？

1年間の実績が伝えられてセールス感はない！

いろいろな表現で比べる

方向性が決まったら、今度はいろいろとレイアウトを変えて、どんな表現が良いかをラフで試していきます。「内容がしっかりと伝わるか？」を意識し、表現とのバランスをチェックします。

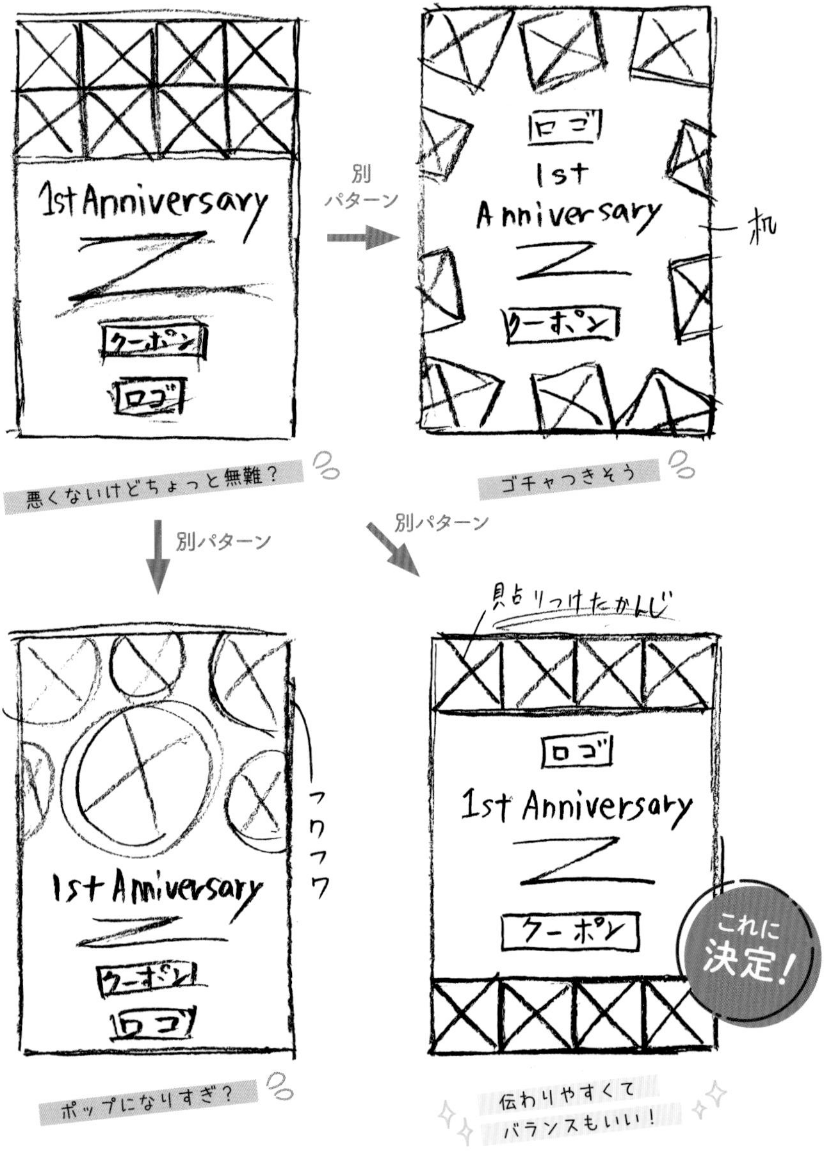

アプリケーションで作り込み

おおまかな構成が決まったら、ラフを元にアプリケーションで作業します。素材や原稿を仮配置し、細部を作り込めば完成です。
以上のようにラフを描くと、イメージが膨らんだり、違和感や注意点に気づけたり良いことだらけです。

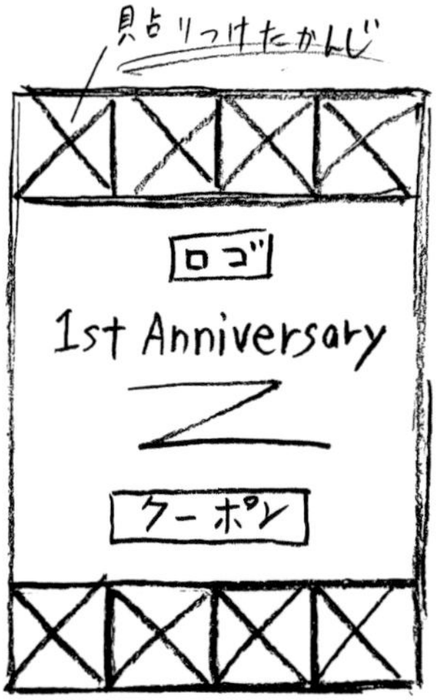

ラフを元に
素材を仮配置

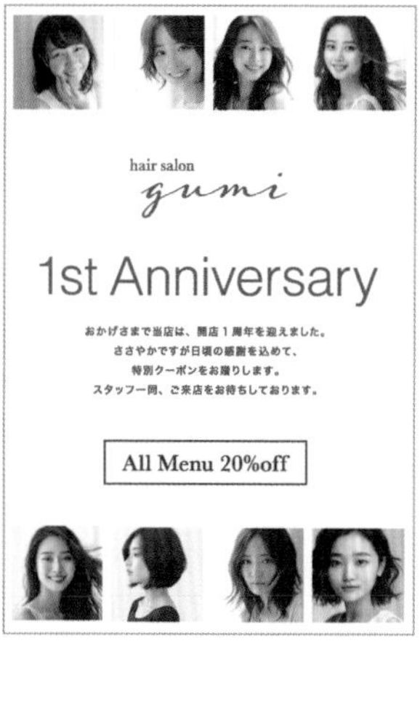

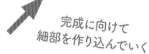

完成に向けて
細部を作り込んでいく

column 最高のアドバイザー

自分ではしっかりと情報整理して目的に沿ってデザインしたつもりでも、実はターゲットに刺さりにくいデザインになっていた、なんてことはしばしば起こります。作ってるうちに「あれ?」と気がつけば良いのですが、作っている本人が一番気がつきにくいのが厄介なところです。

そのようなことを防ぐために、できあがったデザインは必ず第三者に見てもらうようにしましょう。30代女性向けのデザインであれば30代女性、60代男性向けのデザインであれば60代男性と、対象となるターゲットと同じ層に見てもらうのが理想です。

このとき、デザインの意図や内容は詳しく伝えずにパッと見て率直にどのように感じたのかをヒアリングしてみてください。そうすることで「ちょっと印象が若者向けすぎるかも」「文字が小さくて読めないな」「地図を入れたほうがいいね」というように、自分ではわからなかった気づきやヒントをたくさん得られるはずです。

とくに、視力・色覚が低下しやすい高齢者向けのデザインは、文字の大きさや色の認識のしやすさなど、細部への配慮が不可欠です。デザインを実際に第三者に見てもらうことで、高齢者にとってストレスがないか、きちんと内容が伝わるかどうかをチェックすることができます。

いろいろなターゲットに向けて、デザインを変幻自在に操るのはプロでも苦労するもの。そんなときの心強い味方が第三者です。彼らはデザイナーにとって、最高のアドバイザーです。

Part 2

いい感じになる
レイアウトのツボ

section 01
揃えてちゃんと見せよう

情報を揃えて配置するだけで、伝わりやすくなりキチンと感が生まれます。「情報が多い…」「まとまりがない…」と悩んだら、揃えることを意識してみてください。

要素を整理してみよう

見る人に情報を確実に伝えるため、要素を整理し揃えることはとても大切です。まずは要素の左端と上端が一直線になるように整列させていきます。また、同列に扱う写真のサイズは揃えるのが基本です。

\Point/ 写真素材はココに注目！

1. 写真の明るさや彩度を揃えると一体感が増す
2. 写真のサイズや比率以外に、カメラアングルもできるだけ揃えると統一感が出る

王道の左揃えと中央揃え

揃える場所はいくつかありますが、中でもよく使うのは「**左揃え**」と「**中央揃え**」です。
特に要素に文章が多い場合は、文章が読みやすい左揃えが最適です。中央揃えはバランスが整って見え、タイトルや各種バナーなどにも多用されます。まずはこの2つに慣れていけば、いろいろなシーンで活用でき、レイアウトの迷いが減ります。

左揃え

最も一般的な文字揃え。行の読み出し位置が一定のため、目線が自然と流れ長文でも読みやすい

BUYER SELECT
OUTER
今季の狙うべきアウターとその着こなしを
人気バイヤーが徹底解説！

読みやすさ抜群、
長文でもストレスレス！

中央揃え

左右均等の余白が生まれてバランスが整って見える。ただし長文になると、行の読み出し位置が変わるため読みづらい

BUYER SELECT
OUTER
今季の狙うべきアウターとその着こなしを
人気バイヤーが徹底解説！

文字数が少なめで、
安定感が欲しいときに！

右揃え

表紙・デザインのバランス調整やアクセント・図のキャプションなどに使うと、効果的な場合がある。しかし、汎用的ではなく難易度がやや高い

BUYER SELECT
OUTER
今季の狙うべきアウターとその着こなしを
人気バイヤーが徹底解説！

アクセントに。
無理に使わなくてOK！

目視で重心を揃える

形がバラバラの要素は、デザインソフトで機械的に揃えただけでは揃っているように見えないことがあります。下の例のようにいくつかのイラストを中央揃えにする場合、各イラストの重心を意識して目で見て中央に揃えていくと整って見えます。

\Point/ **重心の捉え方と調整**

1. 基本は、塗りの面積が多い範囲を重いと捉える
2. 塗りの面積が少なく軽いほうへ要素を移動
3. 真ん中にあるように見える

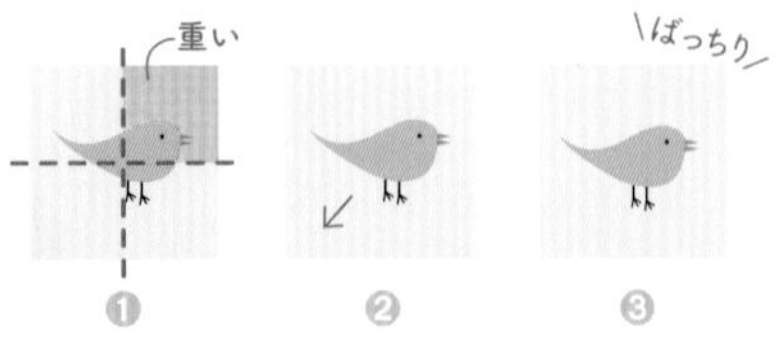

揃えると安定感が生まれる！

要素の種類や数が多くても、揃えてレイアウトすれば1つのグループとしてスッキリまとめられる

カタログやメニューのように、ひと塊のグループをいくつかレイアウトするときは、グループ同士の間隔も揃えると美しい

素材の大きさが異なる場合、間隔を調整して揃えて見せる

section
02 仲間はまとめてわかりやすく

関連する情報はまとめてグループ化し、グループの内容に応じて距離を近づけたり離したりすると、グッと内容が伝わりやすいデザインになります。

関連要素はギュッとまとめる

人は無意識に近くにあるものを1つのグループとして認識しようとします。
この性質を利用し、関連する情報を近づけ、関連しない情報を遠ざけると、関連のあるグループがハッキリして直感的に内容が理解しやすくなります。見る人を迷わせず伝わりやすいデザインを作るには、このグループ化が欠かせません。

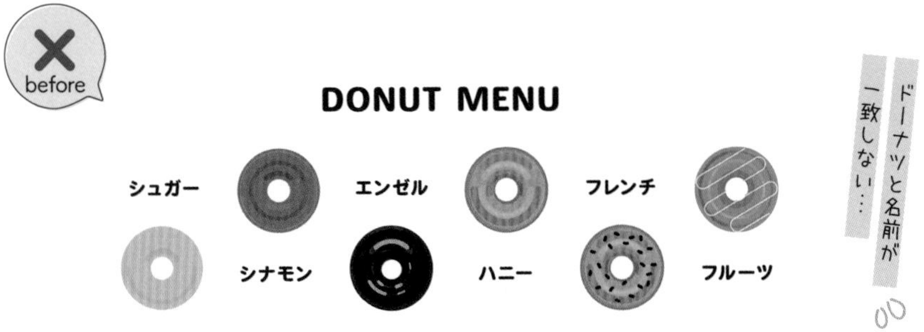

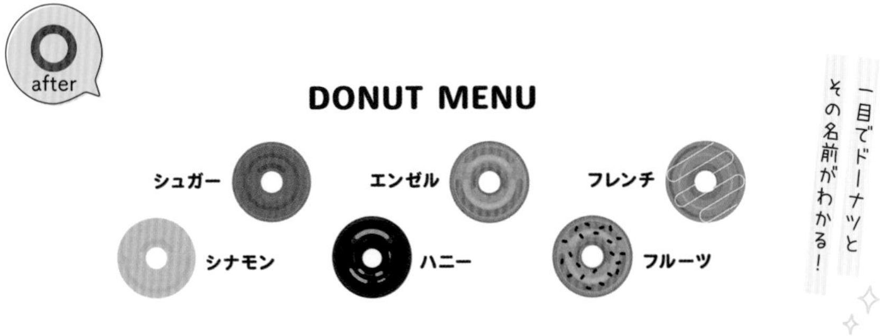

\Point/ 伝わりやすいグループ化をするには

1. 関連する要素は近づける
2. 関連しない要素や別のグループとは、しっかりと余白をとると誤解を防げる

グループをよりハッキリ区別する

伝えるべき要素が多かったり内容が複雑な場合、どうしてもゴチャゴチャとしてしまい、グループがボヤけてわかりづらくなることがあります。そんなときはグループをハッキリ区別できるようにひと工夫加えると、伝わりやすさがアップします。

✕ before

苺ドレッシング

【材料】2人分
❶ 苺……10個
❷ 赤ワインビネガー……大さじ2
❸ レモン汁……大さじ1

キウイドレッシング

【材料】2人分
❶ キウイ……50g
❷ 酢……大さじ2
❸ サラダ油……大さじ3
❹ 塩……小さじ1/3

もっとハッキリと
区別したい…

〇 after

色で分ける

苺ドレッシング

【材料】2人分
❶ 苺……10個
❷ 赤ワインビネガー……大さじ2
❸ レモン汁……大さじ1

キウイドレッシング

【材料】2人分
❶ キウイ……50g
❷ 酢……大さじ2
❸ サラダ油……大さじ3
❹ 塩……小さじ1/3

区切る

苺ドレッシング

【材料】2人分
❶ 苺……10個
❷ 赤ワインビネガー……大さじ2
❸ レモン汁……大さじ1

キウイドレッシング

【材料】2人分
❶ キウイ……50g
❷ 酢……大さじ2
❸ サラダ油……大さじ3
❹ 塩……小さじ1/3

グループがハッキリして
わかりやすい！

囲む

苺ドレッシング

【材料】2人分
❶ 苺……10個
❷ 赤ワインビネガー……大さじ2
❸ レモン汁……大さじ1

キウイドレッシング

【材料】2人分
❶ キウイ……50g
❷ 酢……大さじ2
❸ サラダ油……大さじ3
❹ 塩……小さじ1/3

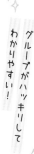

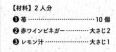

グループに優先度を！　理解しやすさを意識

関連する要素をまとめ終えたら、どのグループの内容から伝えるべきかを考えます。このとき、見る人にとってどのグループから伝えるとスムーズに内容が理解できるか、を意識するのがポイントです。

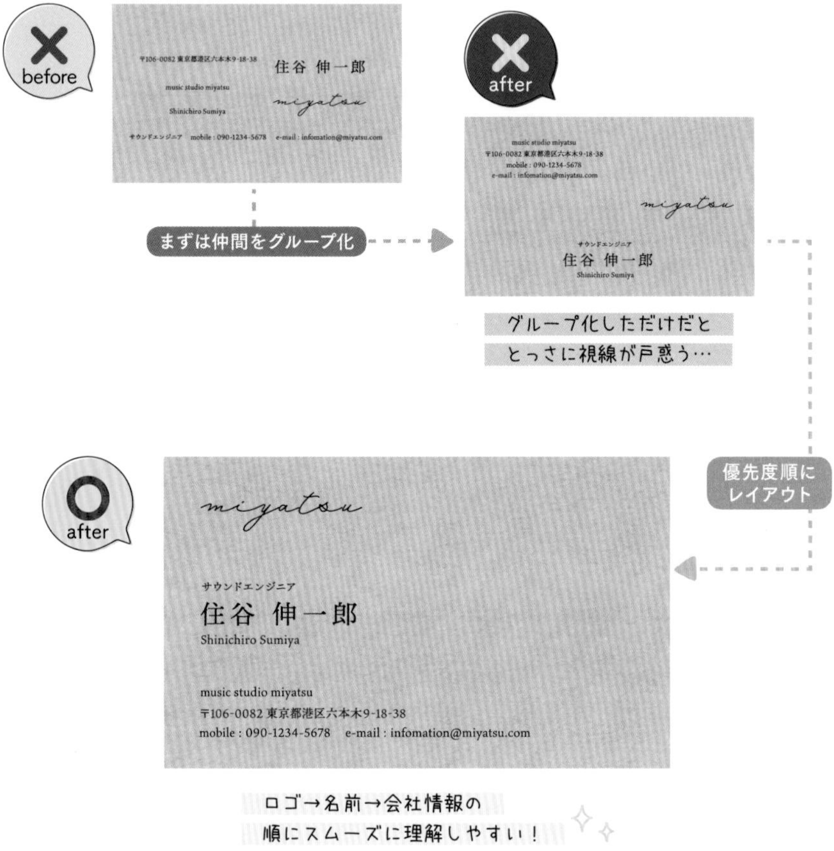

\Point/ 優先度付けとレイアウトのコツ

1. 多くの場合、タイトルが最優先となる
2. 優先度が高いものほど、上に配置するのが基本
3. 視線が動くライン上に優先度順でレイアウトする（P58も参考にしてみよう）

まとめて見やすい！わかりやすい！

タイトル・概要・価格・その他と優先度をつけてレイアウトすると、情報が多くても理解しやすい

まとまりの区切りに点線を使うと、直線よりも窮屈な印象になりにくい

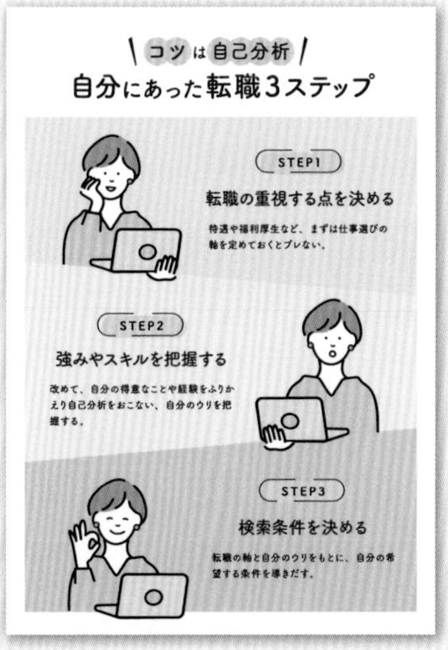

背景に色やテクスチャなどを敷いて区切ると、グループごとに意味づけできたり、まとまりを差別化できる

全体的に要素が多いときは、写真と関連する情報をかさねてまとめると省スペースでスッキリする

section

03 強弱（メリハリ）で伝わりやすく！

強調したい情報とそれ以外で強弱をつけると、それぞれの役割がハッキリとして内容が伝わりやすくなります。また、単調な内容に抑揚がついて見栄えがグッと良くなります。

メインをハッキリさせる

すべての料理が同じ大きさで並んでいると、選ぶ人にとって決め手に欠けてしまい、印象にも残りづらくなります。イチオシとなるメインが一目でわかるようにメリハリをつけると、視線がメインに集まり印象深くなります。

× before

すべて同等の扱いだと
視線も迷いがち…

○ after

\アレンジ/ いろいろな強弱パターン

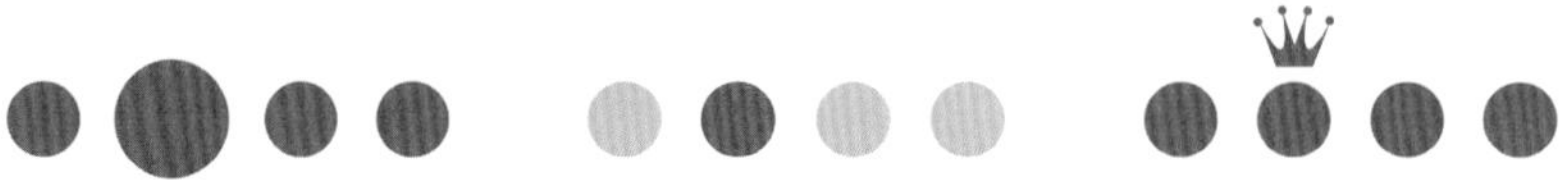

優先順位をつける

情報が多かったり文字ばかりのときは、情報に優先順位をつけて強弱をつけると、内容が把握しやすく伝わりやすくなります。

\Point/ 強弱をつけるときのコツ

1. 強弱は色や大小だけでなく、あしらいを加えたりフォントを変えるのもオススメ
2. 強弱はハッキリと大胆につける
3. 強弱をつけることで視線が誘導され、正しく内容が伝わっているかを常に意識

色やコントラストを調整

強調したい情報の色やコントラストを調整すると、他と差がつき、役割や内容がよりハッキリします。ただし色数を使いすぎると、強弱が曖昧になったり内容の誤認を招くこともあります。

整っていても
単調だと読みづらい…

色が多いと視線が迷子に…
強調効果がぼやける…

一目で情報の役割がわかる!

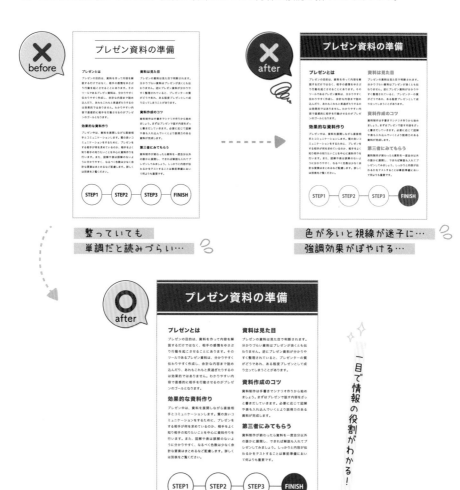

\Point/ 効果的な強弱をつけるときの注意点

1. なんとなくの強弱はつけない
2. もっとも伝えるべき内容は最初に見極めておく
3. あれもこれも強弱をつけるとかえって逆効果

強弱をつけて注目度アップ！

ひとつだけ他と差をつけると、特別感が生まれる。色や大きさを変えたり、あしらいを加えるのが王道

メイン写真とサブ写真に大きな差をつけた例。強弱はできるだけ大胆に、差がハッキリわかるようにつけると訴求力アップにつながる

section

04 くりかえしで統一感！

くりかえしは「**反復**」と呼ばれ、基本的なデザイン手法の１つです。同じデザインルールをくりかえすと統一感やまとまりが生まれ、内容を把握しやすくなります。デザインに一貫性がなくバラバラに見えるときは、くりかえしを意識してみましょう。

同じルールをくりかえす

同列の内容はデザインルールを揃えることで同列のものと認識しやすくなり、それをくりかえすと一貫した統一感が生まれます。伝わりやすさとまとまりを両立させるには、くりかえしが欠かせません。

\Point/ 覚えておきたい！　くりかえしのコツ

1. 複数ページの資料では、全体を通してくりかえすのが大切
2. 「揃える」と「まとめる」を組み合わせて情報整理し、よりわかりやすくしよう
3. くりかえす要素は数が多いほど、同列と認識しやすい

様々なくりかえし

くりかえす要素は色や形、フォントやレイアウトパターンなど様々です。くりかえしは身の回りのデザインにたくさん使われているので、ぜひ見つけてみてください。まずはいくつか例を見て、くりかえしの効果を感じましょう。

写真

写真は同じアングルや大きさをくりかえすと統一感が出る。トーンも揃えると◎

レイアウトパターン

フォントや罫線など、同じレイアウトパターンをくりかえすと見やすくなり、統一感も出る

テイスト

あしらいのテイストをくりかえすとまとまりが出る

独自ルール

独自のルールをくりかえすのもOK。例は「吹き出しを一匹につき1つ」というルールをくりかえしている

いろいろなものに展開

同じ配色やフォント・ロゴマークをくりかえすと、ツール全体のつながりと統一感を生み出せる

ちょこっと変えて差別化

くりかえしの中でハッキリと内容の違いを見せたいときは、色やパーツなどをちょこっと変えるのが効果的です。直感的に理解できる色やパーツでアレンジすると、統一感をキープしながら内容の違いをイメージしやすくなります。

✕ before

統一感はあるけど違いがわかりづらい……

○ after

直感的に違いがわかる！

\アレンジ/ 差別化のパターン例

くりかえしの中で差別化するときは、まず同じデザインルールで作ってから少しずつアレンジするのがオススメ

色とパーツの大きさで差別化

イラストや文字色で差別化

くりかえして統一感アップ！

イラストをいくつか使うときは、同じテイストのイラストをくりかえすことで全体にまとまりが出る

デザインルールのくりかえしがハッキリしていると、色・形・レイアウトに大胆な変化や動きをつけても統一感をキープできる

アイキャッチで同じデザインルールをくりかえすと、メッセージ性がより強まる

section

05 たっぷり余白がステキ！

デザインに余白を作るとスッキリ見やすく伝わりやすさがアップ。文字も読みやすくなり清々しさや空気感を演出させることもできます。特にプレゼン資料やバナーなどの情報量が多くスペースが限られている場面では余白を意識するだけでグッと見やすく伝わりやすくなります。

余白でスッキリ見やすく

要素のどれもこれもが大きくギュウギュウに詰め込まれているより、多少要素が小さくなったり飾り気がなくなっても、メリハリをつけて程よく余白を作ったほうが伝わりやすく、見る側も疲れません。

× before

ゴチャゴチャして
見るのが疲れる…

○ after

スッキリ見やすく垢抜けた！

要素ごとに余白を作る

余白をうまくデザインに取り入れるには、要素と全体に分けて余白を作っていくのがオススメ。まずはボックスや図などの要素1つひとつに余白を作り、それぞれの圧迫感を消していきます。

囲み・ボックス内

上下左右にしっかり余白を!

申し込みはこちら → 申し込みはこちら

要素間

窮屈感をなくし、余白ができるよう調整

株式会社マルバツ
サービスを導入以降
キャンセルが30%減
お客様の笑顔がたくさん見れて嬉しい!

→

株式会社マルバツ
サービスを導入以降
キャンセルが30%減
お客様の笑顔がたくさん見れて嬉しい!

キャプションの行間

文字サイズの75%くらいでゆとりを作る

吾輩は猫である。名前はまだ無い。
どこで生れたかとんと見当がつか
ぬ。何でも薄暗いじめじめした所
でニャーニャー泣いていた事だけは
記憶している。

→

吾輩は猫である。名前はまだ無い。
どこで生れたかとんと見当がつか
ぬ。何でも薄暗いじめじめした所
でニャーニャー泣いていた事だけ
は記憶している。

コピー・タイトル

字間を広げて余白を作ると抜け感がでる。可能なら細めのフォントを選ぶと余白を活かしやすい

都心を見渡す贅沢。 → 都 心 を 見 渡 す 贅 沢 。

全体に余白を作る

デザイン全体に余白を感じられるようレイアウトすると、スッキリ見やすくなるだけでなく空気感や高級感・洗練されたイメージなどを与えられ、グッと垢抜けます。限られたスペースに余白が生まれるよう意識して、要素をレイアウトしていきましょう。

トリミングで余白

大きめに使う画像はトリミングで余白を作ったり、活かせるよう調整

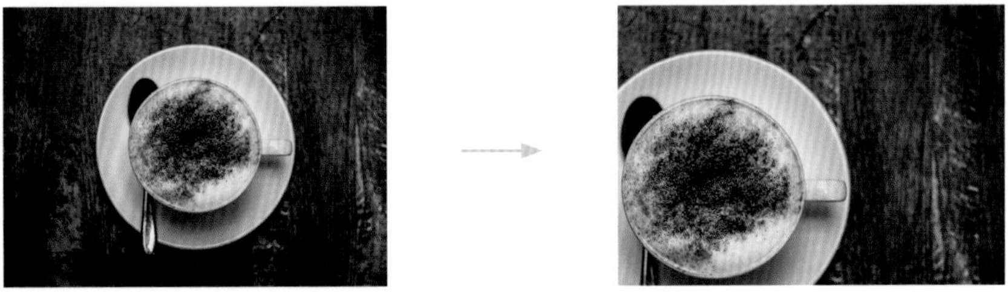

上下左右に余白

デザインスペースの外周に余白をとり窮屈感をなくそう

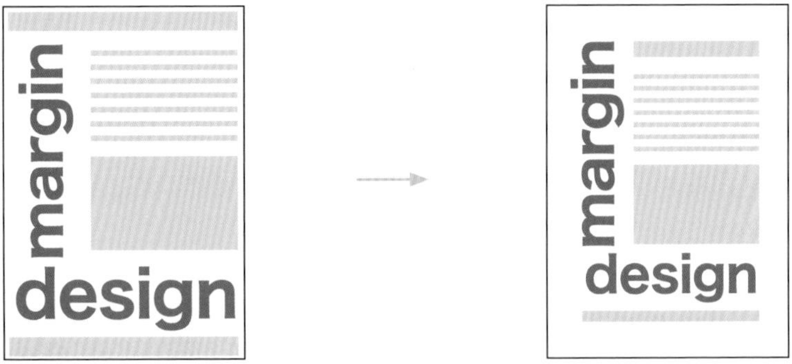

要素を重ねて余白

要素を重ねるとその分余白が生まれ、限られたスペースを有効活用できる

余白を使ってこんな表現も！

余白の大きな画像素材に手書き文字を添えるだけで抜け感がアップ。彩度を下げるとより叙情的な空気感に

たっぷりとした余白があることで主役が引き立ち、一番伝えたい要素に視線を集めることができる

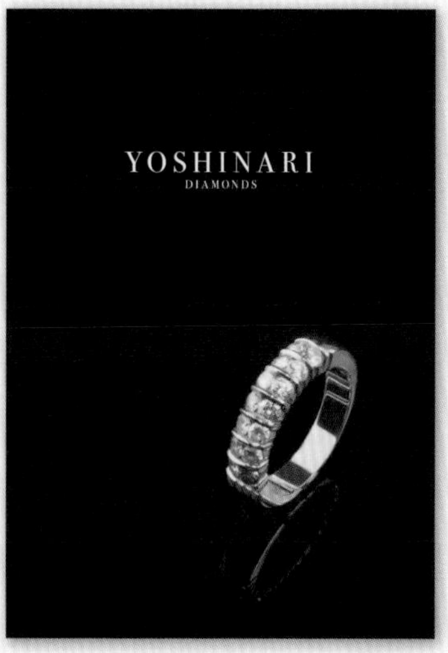

余白を大きくとると落ち着き感や格式を演出でき、高級感が生まれる

左に要素を集め右に余白を作り、密度の高い部分と低い部分のコントラストが紙面にメリハリを生む

section
06 ドドンとインパクトを生む術！

思わず目を奪われるデザインってありますね。他のデザインに埋もれることなく視線をグッと引きつけるには大胆なインパクトを与えるのがポイントです。インパクトを生む手法はいくつもありますが、まずは定番で使いやすい手法をマスターしましょう。印象深く見せたいとき、しっかり見てほしいときにとても効果的です。

大胆にはみ出す

限りあるスペースから要素がはみ出るようにレイアウトすると、強烈なインパクトを生み出せます。コツは大胆にはみ出すこと。ただし、文字をはみ出すときは読みづらくならないよう注意が必要です。

\Point/
はみ出しはココを意識

1. 文字でインパクトを強めるには太めのゴシックフォントを使うのがコツ！
2. はみ出す文字には角度をつけると勢いが増す
3. 内容がしっかり伝わる範囲で、画像も大胆にトリミングする

インパクト大！
思わず釘づけ！

集中線を加える

注目させたいところに向かって集中線を加えるだけで、視線が集まりやすくなりインパクト大です。同時に動きや奥行きも生まれ、印象深いアイキャッチが生み出せます。

\Point/
集中線のコツ

1. 集中線を使うときは、注目させたい要素を中央に集める
2. 視線を集めたい部分の色を濃くしたり、文字に立体感を加えて目立たせると集中線の効果がさらに高まる
3. 装飾などは、集中線の中心から周りに拡散するようにレイアウトすると、より中央の要素が引き立って見える

視線が中央に集まる!

\アレンジ/ 他にもいろいろ集中線!

サンバースト

漫画風

シンプル

集中線は一般的なものだけでなく、デザイン性のあるものなど多数ある。集中効果が高すぎると他の要素に注意がいかなくなることもあるので、ケースバイケースで目的に合ったものを選ぼう

主役をダイナミックにレイアウト

商品写真やコピーなど一番伝えたいメイン要素を大きくダイナミックにレイアウトすることで、強烈なインパクトのあるデザインが完成します。メリハリを意識して、他の要素は控えめにすると、さらに主役が引き立ちます。

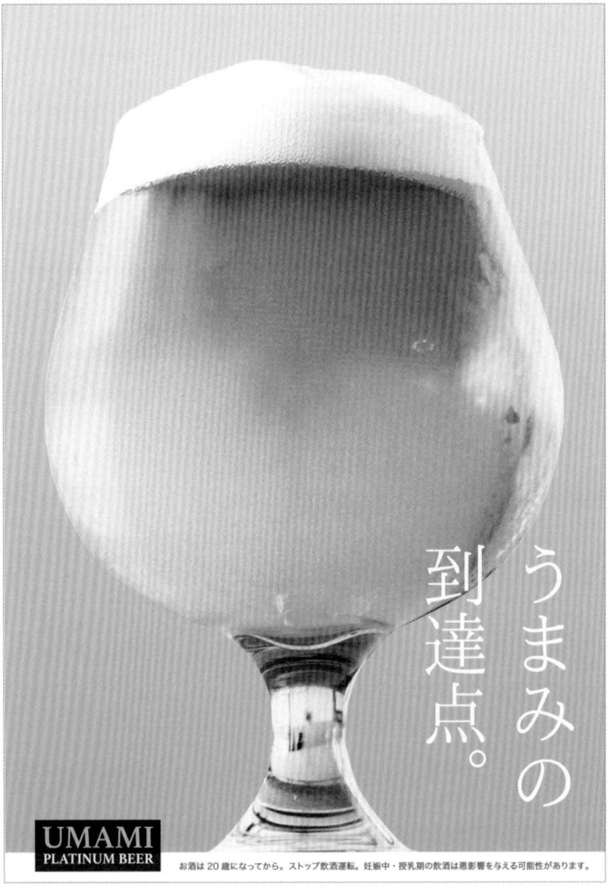

うまみの
到達点。
UMAMI
PLATINUM BEER
お酒は 20 歳になってから。ストップ飲酒運転。妊娠中・授乳期の飲酒は悪影響を与える可能性があります。

迫力満点の存在感！

\Point/ 主役を引き立てるテクニック

1. スペースいっぱいにメイン素材を使うことで、存在感を最大化
2. とにかく大胆に主役と脇役の差をつけると、臨場感がより際立つ
3. 下から見上げるように撮影された写真や臨場感のある素材を選ぶとインパクトが出やすい。素材自体がもつ迫力や特性を利用するのもテクニックの1つ

飛び出す立体文字

手軽に文字のインパクトを出す手法として飛び出してくるような文字表現があります。視認性もアップするため、タイトルやチラシの見出しなどにもよく使われます。

＼Point／
覚える！
インパクト文字のコツ

1. フォントは太めのものを選ぶ。個性的なフォントでマンガタイトルのように印象的にするのもアリ！
2. 奥行き部分は、文字ごとやグループごとに色を変えると変化がついてアクセントになる
3. シックで落ち着いた配色よりは、補色を取り入れたりカラフルで目立つ配色のほうがインパクトを出しやすい

文字の迫力がアップ！

＼アレンジ／ **いろいろな飛び出しパターン！**

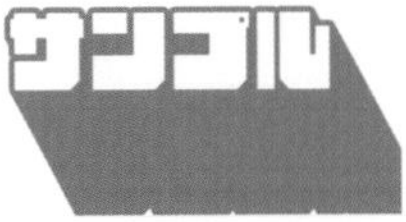

ロングシャドウ

アニメタイトル

膨張効果

section
07 躍動感でアクティブに見せる！

今にも動き出しそうな躍動感は、活発なイメージや勢い、新鮮でフレッシュなイメージを抱かせます。躍動感は静止画でもコツさえ掴めば表現でき、化粧品や食品・スポーツ関連などの幅広いジャンルで使えるためとても便利です。ここでは手軽に躍動感が表現できるポイントを解説します。

動きのある要素を使う

静止画に躍動感を手軽に加えるには、とにかく動きのある要素を選ぶのがポイント。使用する被写体やあしらいに動きが感じられると、デザイン全体に躍動感が加わります。

× before

悪くないけど
もっと楽しげにしたい…

○ after

イキイキした動きが楽しげで
活発なイメージに！

奥行きを活用する

いかにも平面であるような表現ではなく、奥と手前をハッキリさせるのも躍動感をアップさせるコツです。例えば物と物を重ね合わせたり、奥から手前に向かってくるような構図の写真を使ったり、要素に奥行きがあると現実感が増すため、躍動感がより引き立ちます。

\Point/

立体的に見えて動きを感じる!

1. 主役を囲むように水しぶきを配置し、手前と奥をはっきりさせる
2. 文字の上にも要素を重ね奥行きを作ると、躍動感が引き立つ
3. スペースから水しぶきをはみ出させ、奥行きと合わせて上下左右の広がりも活用するとより躍動感が出る

\アレンジ/ **躍動感を引き立てる奥行き表現!**

重ねて奥行き

シアーで奥行き

画像で奥行き

躍動感が足りないと感じたら、要素をアレンジしたり画像素材を活かして奥行きをプラスしてみよう。奥行きにより臨場感が加わると躍動感が増す

角度をつける

要素に角度をつけるのも躍動感を加える方法の1つです。本来まっすぐなものが傾くと、そこに動きや力が加わったように感じ躍動感が生まれます。単調なデザインに少し動きが欲しいときなど、いろいろなシーンに応用できて便利です。

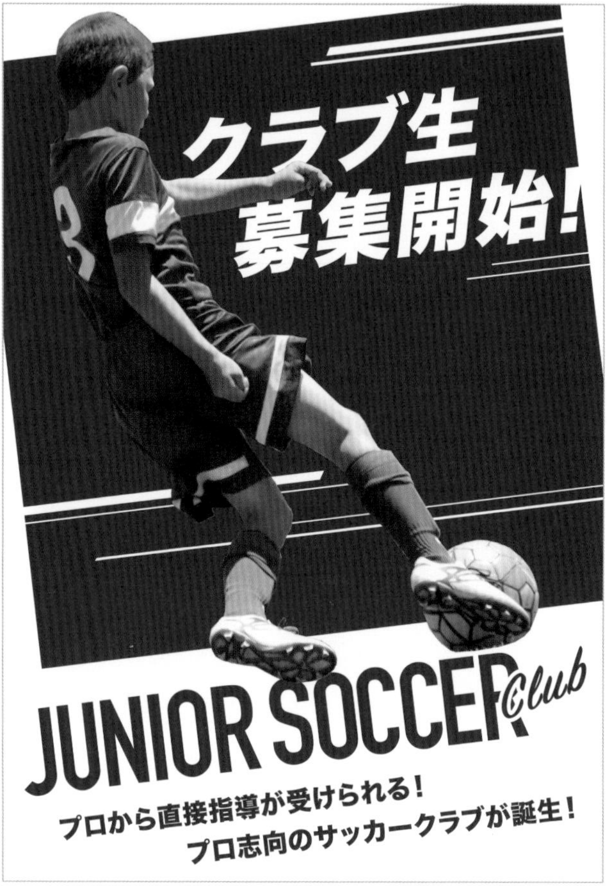

今にもボールを蹴り出しそうな雰囲気が伝わる

\Point/ 角度がつくだけでアクティブな静止画に！

1. 角度は特に理由がなければ右上がりで調整すると自然にまとまる
2. 傾ける角度は全ての要素で合わせるとまとまりやすい。画像素材の視線や体の角度なども意識して合わせる
3. 線のあしらいを加えると、角度が強調されスピード感が出る

動きが目を引く躍動感

難しいことをしなくても丸だけで躍動感は作れる。要素を組み合わせて動きの流れを作るのがコツ

残像を表現したり、動きの対象をコマ撮りで見せることでも躍動感は表現できる

矢印をデザイン要素として活用すると「向上する」「アップする」のような意味と合わせて、躍動感もプラスできる

section

08 曲線で作るイキイキ感

情報を正しく伝えようとすると、ついつい単調で無機質なデザインになりがちです。それはそれで悪くないのですが、もっとゆるふわ感やワクワク感などが欲しいときもあります。そんなときは曲線を取り入れてみるのも良いでしょう。曲線を使うと柔らかさや動きが加わり、有機的で楽しげなイキイキとしたデザインが作れます。

曲線でリラックス感をプラス

ベースのレイアウトはほとんど変えなくても、曲線を取り入れるだけで柔らかい空気感が生まれます。あしらいを増やしてリラックス感を出そうとすると余白が減ったりゴチャゴチャしてしまうため、パーツはなるべく増やさずに曲線を取り入れられそうなところを探してみましょう。

× before

わるくないけど
もう少しリラックス感が
ほしい…

○ after

柔らかくなって
リラックス感が出た！

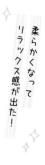

\Point/ 曲線を活かすポイント

1. サブタイトルや吹き出しなどのあしらいにも曲線を取り入れると、より柔らかさが増す
2. いきなり曲線でレイアウトするのが難しいときは、まず直線で大まかにベースを作ってから曲線を取り入れていく

ポップでイキイキ流体シェイプ

流体シェイプはデザインにポップさが欲しいときや、今にも動き出しそうなイキイキ感を表現したいときなど、いろいろなシーンに応用できます。たとえば写真素材を流体シェイプで切り取りレイアウトすると、有機的で楽しげなニュアンスが加わりワクワクするデザインが完成します。

新しいなかまが増えたよ、ボクたちに会いに来てね!
うみの水族館
UMINO AQUARIUM
TEL : 00-1234-1234　FAX : 00-1234-1234
URL : https://umino-aquarium.jp/

＼Point／

流体シェイプを使うコツ

1. テーマに合わせてブクブク泡やフワフワ雲など、流体シェイプをモチーフに見立てて使うと世界観が伝わりやすくなる
2. シェイプのレイアウトが難しく感じたら、川の流れを作るように配置していくと流動的な動きが出やすい
3. コピーやキャプションなどの文字も曲線状にするとより流体シェイプが引き立つ

動きとリズムが加わりワクワクするデザインに!

＼アレンジ／ 流体シェイプの定番アイディア!

アイキャッチとして

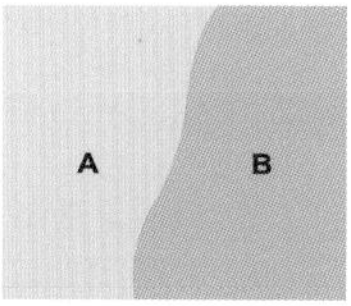

区切りとして

模様・背景として

流体シェイプは使い方いろいろ。要素の区切りや背景に使用したり、メインのアイキャッチとしても便利。アレンジしやすく使いやすい素材の1つ

波形オブジェクトで手軽に動きを

波形のオブジェクトを取り入れると、流れるような空気感やリラックス感・開放感やみずみずしさを表現できます。サロンやアロママッサージなどの広告や化粧品などのクリエイティブに使うと程よいイキイキ感が出てオススメ。ちょっとした動きが欲しいときなどいろいろなシーンで使いやすい手法です。

ゆったり開放感が漂うデザインに！

\Point/ 波形オブジェクトを活かすコツ

1. 上の例のように、波形オブジェクトの不透明度を変えて何層か重ねて使うのも◎
2. 波形オブジェクトは手書きイラストと相性抜群。散りばめてヌケ感をプラス
3. 他の要素に角度をつけると、統一感が出て、ゆるさが際立つ

他にもいろいろ曲線マジック

波形オブジェクトと流体シェイプは相性抜群。組み合わせれば、角がない優しいイメージを表現できる

文字自体に曲線を取り入れることもできる。動きが加わりアイキャッチとしても効果的

タイトルに曲線を加えてアーチ状にすると、柔らかく優しい雰囲気がデザイン全体にプラスされる

section
09 3分割でキマるレイアウト

デザイン初心者の方にとっては、バランスが整ったいい感じのレイアウトを作るのは至難の業。出口が見えず「全然しっくりこない！」と心が折れそうになることもあります。
そんなときはエリアを均等に3分割して考えてみます。レイアウトに正解はありませんが、3分割することで美しいレイアウトが組みやすくなります。

安定の3分割「1：1：1」

3分割レイアウトの中でも汎用的に使えるのが「1：1：1」で分ける手法です。それぞれのエリアに「アイキャッチ」「開催情報」「内容」などと役割を与え、要素をはめこんでいくとバランス良くまとまり便利です。作る工程で必然的に要素が整理されるため、迷子になりづらく初心者の方にもオススメの手法です。

\Point/「1：1：1」を使いこなす

1. 上から下へ徐々に内容を掘り下げていくよう意識すると、読み手が理解しやすくなる
2. 区切るときは線で区切るより背景色を変えて区切るほうが、全体のまとまりを壊さず一体感を出しやすい
3. デザイン作業はイレギュラーの連続。3分割はあくまで目安と考え「だいたい3分割でOK」くらいに割り切るのが作業効率を上げるコツ

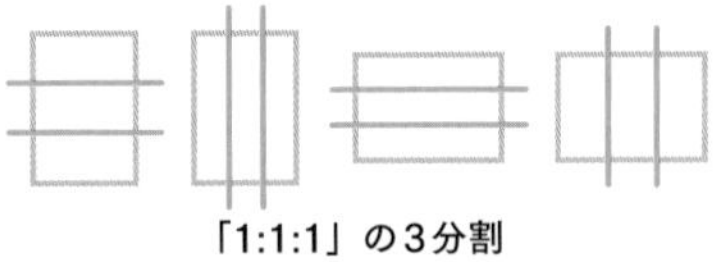
「1:1:1」の3分割

主役が目を引く3分割「2：1」

3分割レイアウトで「2：1」に分ける手法は、メリハリが出て美しいバランスにまとまる王道の構図です。3分割したエリアのうち主役を2、その他を1として主役を大きく扱うことで見る人に主役を印象付けます。多くの広告や出版物でも幅広く利用されており、初心者の方でも取り入れやすい手法です。

\Point/「2：1」を使いこなす

1. 下の例のように画像を左右に分けてレイアウトしても「2：1」はバランスがとりやすく使いやすい

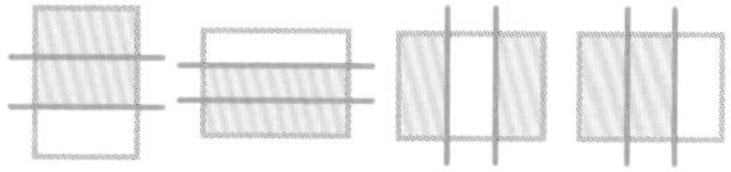

「2:1」の3分割

2. 伝えたい情報量が少ないときに「2：1」は効果的。逆に情報量が多い場合は、主役を大きく見せるとスペースが足りなくなり、難易度が上がってしまうため注意が必要

メイン画像　タイトル・内容　メイン画像

画像が目をひき
バランスの良い構図！

\アレンジ/ いろいろな区切りのアレンジ！

要素をまたがせる

斜めにする

変形する

3分割レイアウトに限らず、区切りはあらゆるシーンで多用するため、いろいろなアレンジを知っておくと便利

縦３横３の合わせワザ

３分割レイアウトに慣れてきたら、縦３分割と横３分割を併用してみましょう。併用することで多少要素が多くてもバランス良くまとまり、レイアウトする際の目安にもなります。全体の安定感が増すので、配置に迷ったときは積極的に試したい手法です。

\Point/ 縦横３分割を使いこなす

1. ベースのレイアウトは横３分割を利用し、あしらいやアクセントは縦３分割を利用するというように、要素の役割を分けて考えるとレイアウトしやすい
2. コピーやあしらいなどは区切りをまたいで配置することで、クッキリとした区切りがなじんで、紙面に一体感が出る

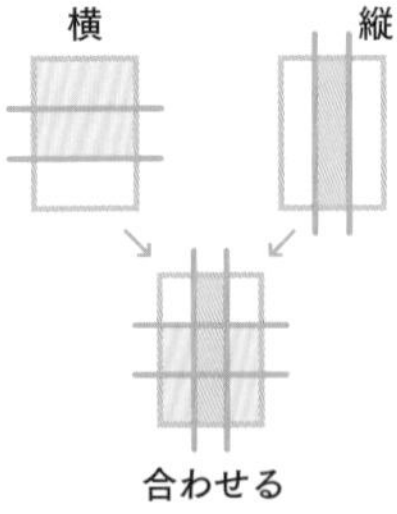

3分割の応用アレンジ！

区切りの形は直線以外にも、テーマに合わせて変形すると全体にまとまりが出る

種類や商品数がたくさんあるように見せる表現は、縦３横３で分割し、区切りごとに写真を当て込むとスッキリレイアウトできる

区切りは斜めにし要素をはみ出させて単調さを軽減。こうしたアレンジは変化がつき、アクセントとして効果的

section 10

伝わる！　目に留まる！情報のパーツ化

情報のパーツ化とは情報を１つのパーツにまとめたり、アイコンのように見せて目に留めるテクニックです。情報が単調にレイアウトされていると、メリハリがなく伝わりづらいことも多いです。そんなときは情報のパーツ化で紙面をスッキリさせ、内容を伝わりやすくしましょう。

単調さ解消で伝わりやすさアップ

情報をパーツ化すると、単調だった紙面にメリハリがつき、内容が理解しやすくなります。とくに情報が多いデザインはパーツ化を駆使して、ユーザーに伝わりやすいデザインを心がけましょう。

× before

初心者さんも手軽に体験
自宅ヨガ
4月体験キャンペーン
• 4月中ご入会で入会金・手数料０円
（通常 20,000 円）
• 体験後ご入会で初月受講料30%OFF

文章ばかりで内容が把握しづらい…

○ after

ぱっと見で伝わる！

アイキャッチとして注目させる

情報をパーツ化すると、アイキャッチとして注目されやすくなります。セールの割引率や商品のウリなど「コレだ！」と思う情報は、パーツ化して効果的にアピールしましょう。

× before

伝えたい内容がイマイチ目立たない…

○ after

パーツの内容がしっかり目に留まる！

いろいろなパーツ化

パーツ化はアイディア次第で、おもしろい見せ方やアレンジができます。使いやすい円やふき出しなど、いろいろ試していくと表現の幅も広がります。

円はオーソドックスで使いやすい

しっかり注目させたいときは
ギザギザでアピール!

理解しやすくするなら
イラストをプラス!

コメントや長めの文章は
ふき出しが使いやすい

テーマに合わせて形を作ると
統一感アップ!

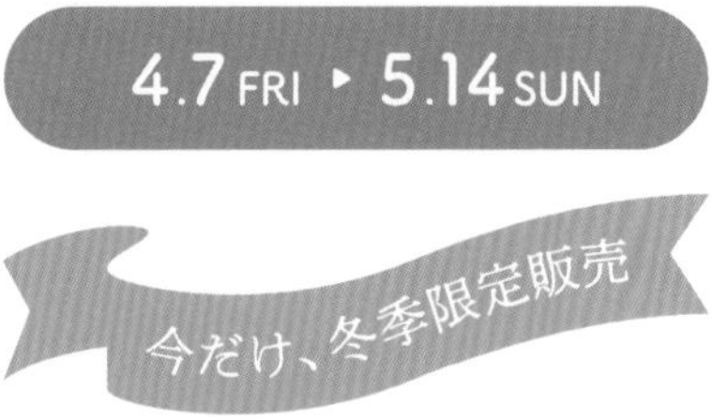

アピール文・期間などの文章は
角丸長方形やリボンが使いやすい

\Point/ パーツ化のコツ!

1. パーツ化する情報に迷ったら、ウリやアピールポイントを選ぶと自然
2. 図形の中に入れる内容は、読み手が理解しやすいようにメリハリをつけると伝わりやすい

いろいろなパーツ化アレンジ

細めの線枠だけでパーツ化すると繊細なイメージが作れる。品を出したいときにオススメ

円形パーツを置くスペースがないときは、帯にするのも◎

パーツを見切れるように配置すると、より目に留まりやすい

column 視線の動きと傾向

人の視線の動きは上から下へ動くのが最も自然で、横書きならZ型、縦書きならN型というように動きの傾向があります。視線は無意識の習性に影響されたり、意図的に誘導もできます。ここで紹介するオーソドックスな視線の動きや習性を考慮すると、より伝わりやすいデザインが行えます。

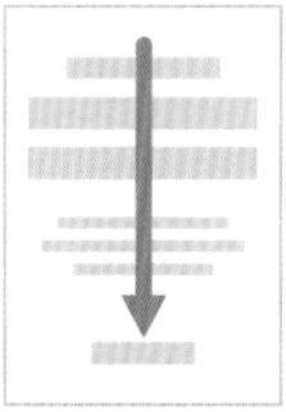

上から下へ

最も自然な視線の流れで、重要な情報ほど上部にレイアウトすると良い。

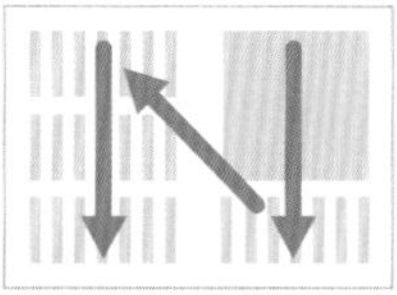

N型

主に縦書きレイアウトの雑誌や日本語の小説はN型に視線が動く。広告にも用いられることが多い。

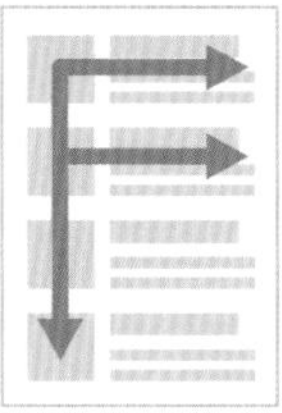

F型

Fの形に視線が流れ、情報量の多いウェブメディアに多く見られる。

数字順に追う

数字を使うと、数字が視線を誘導し、他の型とは別の流れを作り出せる。

Z型

左上から右下へと視線が流れ、チラシやバナーなどに幅広く用いられる。重要な要素は左上に置き、視線が止まる右下にボタンなどを置くのがオススメ。

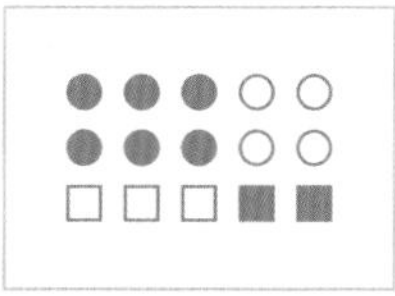

同形や同色を同列と認識し追う

同じ形や色の要素は1つのグループと認識され、グループごとに視線が流れる。

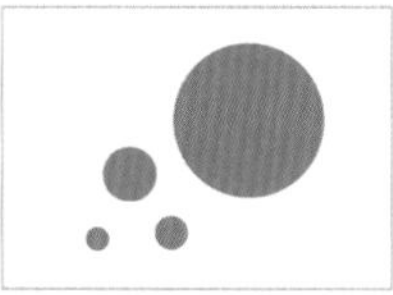

大から小へ

視線は大きいものから小さいものへと流れる。重要なものを大きくして注目させるのはこの傾向を利用している。

Part 3

見せる読ませる文字と文章のツボ

section
01 文字数ダイエットで伝わりやすく

長い文章は読むだけで疲れますよね。文字情報を詰め込みすぎると、理解するのにストレスを感じたり伝わりづらくなります。文字数を減らすポイントを押さえ、できるだけ文字は少なく端的に伝えるように心がけると、効果的なデザインを生み出せます。

内容かぶりを省く

同じ内容の情報や重複ワードがいくつかある場合、それらを省いても誤解なく伝わるかを確認し、問題がないようなら、内容かぶりの情報は省きます。場合によって依頼者やクライアントに提案してみるのも良いでしょう。

× before

重複ワードがくどい…

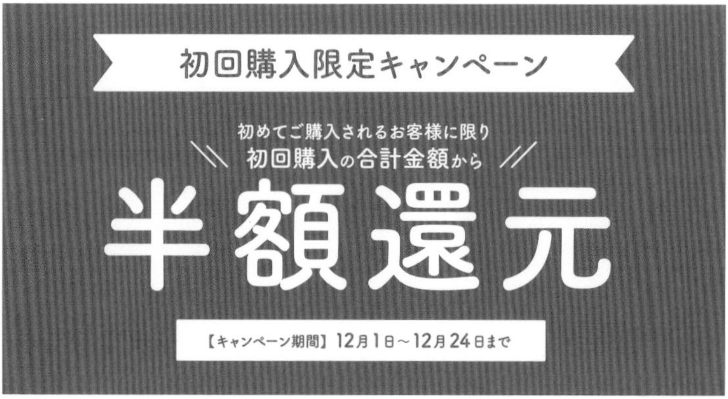

初回購入限定キャンペーン
初めてご購入されるお客様に限り
初回購入の合計金額から
半額還元
【キャンペーン期間】12月1日～12月24日まで

○ after

文字数が減り
デザインもスッキリ！

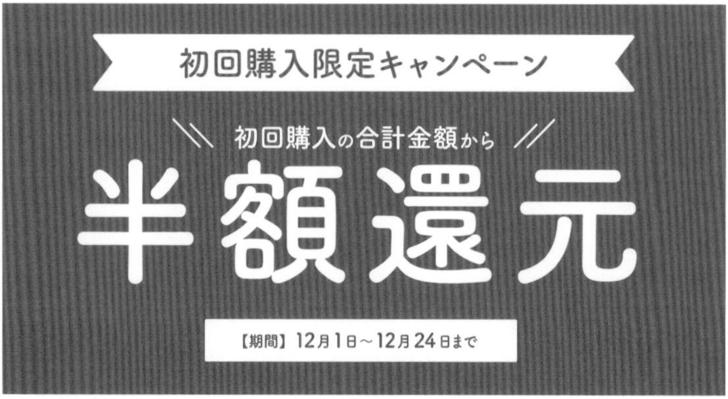

初回購入限定キャンペーン
初回購入の合計金額から
半額還元
【期間】12月1日～12月24日まで

意味を変えず短い表現に

長文は短い言葉に置きかえたり、なくても意味が通じる言葉は削除するのが文字を減らすコツです。デザイナーの使命は、見た目を整えるだけでなく「**情報伝達**」です。できるかぎり文字や内容を吟味し伝わりやすさを追求しましょう。

before

文章が長い…文字も小さい…

after

内容が端的に！文字サイズも改善！

文章は箇条書きに

箇条書きにできる内容は、文章のままよりも**箇条書きにしたほうが伝わりやすく**なります。なにより箇条書きにすると、余計な文章が削ぎ落とされるため、文字数のダイエットにもつながります。

＼アレンジ／ **いろいろな箇条書きパターン！**

箇条書きに物足りなさを感じたら、ちょこっとひと手間加えてみる！

- ✔ 一般　✔ キッズ　✔ ビギナー
  円に変化をつける
- 01 一般　03 キッズ　02 ビギナー
  番号をふる
- 一般　ビギナー　キッズ
  図形で囲む

before

文章を全て読まないと
内容がわからない…

当店の食べ放題メニューは、
焼肉・しゃぶしゃぶ・すき焼きの3種類全て
お楽しみいただけます。

after

一目でわかりやすい！

あれもこれも詰め込まない

文字も内容もてんこ盛りのデザインはわかりにくく、小さな文字だらけでとても見づらくなります。用意された原稿をもとに、クライアントのあれこれ入れたい気持ちを汲み取りつつ、**文字数や内容をうまくダイエット**できると、一味違うデザインワークが行えます。

× before

あれこれギュウギュウ詰め…

○ after

要点が伝わり、デザインもスッキリ！

section
02 読みやすさは作れる

文章がスラスラ読めると内容が理解しやすくなります。反対に読みづらい文章は、読み手を疲れさせたり悪い印象にもつながるため、微調整が欠かせません。ここでは、読みやすい文章を作る目安とコツをご紹介します。

文字は小さくしすぎない

文字サイズに明確な基準はありませんが、文字サイズは小さすぎると読みづらく、印刷方法や書体によっては文字がつぶれることもあります。また年齢や媒体によっても最適な文字サイズは異なるため、制作時はサイズの目安を参考に「読み手にとって読みづらくないか?」を意識し、実際に印刷してチェックするとミスを防げます。

文字サイズの目安（A4サイズ基準）

幼児	14pt ～ 23pt	青年	7pt ～ 10pt
小学生	11pt ～ 16pt	高齢者	9pt ～ 12pt

check!

before

吾輩は猫である。名前はまだ無い。どこで生れたかとんと見当がつかぬ。何でも薄暗いじめじめした所でニャーニャー泣いていた事だけは記憶している。吾輩はここで始めて人間というものを見た。しかもあとで聞くとそれは書生という人間中で一番獰悪な種族であったそうだ。

小さくて読みにくい…

・文字サイズ5pt

after

吾輩は猫である。名前はまだ無い。どこで生れたかとんと見当がつかぬ。何でも薄暗いじめじめした所でニャーニャー泣いていた事だけは記憶している。吾輩はここで始めて人間というものを見た。しかもあとで聞くとそれは書生という人間中で一番獰悪な種族であったそうだ。

適度なサイズで読みやすい！

・文字サイズ8pt

行間はキツキツもスカスカもNG

行間とは行と行の間隔のこと。一般的には文字サイズの50％～100％が目安です。行間はキツキツでもスカスカでも読みづらくなり、文字サイズと行長によって最適な行間が変わります。傾向として1行が長くなるほど、行間を広くとるようにすると読みづらさが軽減します。

行間の目安

文字サイズの50％～100％

check!

✕ before

吾輩は猫である。名前はまだ無い。どこで生れたかとんと見当がつかぬ。何でも薄暗いじめじめした所でニャーニャー泣いていた事だけは記憶している。吾輩はここで始めて人間というものを見た。しかもあとで聞くとそれは書生という人間中で一番獰悪な種族であったそうだ。

・行間０％

キツキツで
読みにくい…

✕ before

吾輩は猫である。名前はまだ無い。どこで生れたか

とんと見当がつかぬ。何でも薄暗いじめじめした所

でニャーニャー泣いていた事だけは記憶している。吾

輩はここで始めて人間というものを見た。しかもあと

で聞くとそれは書生という人間中で一番獰悪な種族

であったそうだ。

・行間200％

読みにくく
間の抜けたイメージに…

○ after

吾輩は猫である。名前はまだ無い。どこで生れたかとんと見当がつかぬ。何でも薄暗いじめじめした所でニャーニャー泣いていた事だけは記憶している。吾輩はここで始めて人間というものを見た。しかもあとで聞くとそれは書生という人間中で一番獰悪な種族であったそうだ。

・行間75％

窮屈感なく
読みやすい！

行長は短すぎず長すぎず

行長とは、1行の長さです。短いと軽快に読めますが目の移動が忙しくなります。長いとじっくり読めますが行を見失いがちに。新聞は1行が短く12字～、小説などは40～50字と長めですが、特に指定や理由がなければ行長は20～30字くらいが読みやすくてオススメです。

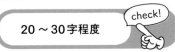

行長の目安

20～30字程度 check!

× before

行長が長くて、
次の行を見失いそう…

吾輩は猫である。名前はまだ無い。どこで生れたかとんと見当がつかぬ。何でも薄暗いじめじめした所で
ニャーニャー泣いていた事だけは記憶している。吾輩はここで始めて人間というものを見た。しかもあと
で聞くとそれは書生という人間中で一番獰悪な種族であったそうだ。

・行長50字

× before

行長が短くて、
目の移動が忙しい…

吾輩は猫である。名前はま
だ無い。どこで生れたかと
んと見当がつかぬ。何でも
薄暗いじめじめした所で
ニャーニャー泣いていた事だ
けは記憶している。吾輩は
ここで始めて人間というもの
を見た。しかもあとで聞くと
それは書生という人間中で
一番獰悪な種族であったそ
うだ。

・行長12字

○ after

適度な行長で読みやすい！

吾輩は猫である。名前はまだ無い。どこで生れたかとんと
見当がつかぬ。何でも薄暗いじめじめした所でニャーニャー
泣いていた事だけは記憶している。吾輩はここで始めて人間
というものを見た。しかもあとで聞くとそれは書生という人
間中で一番獰悪な種族であったそうだ。

・行長26字

● 字間は窮屈なときだけ広げる

文字と文字の間隔は、狭いと窮屈な印象になり、広すぎても間延びして読みづらくなります。基本的には0のままでOKですが、意図的に印象を変えたいときや、書体によって窮屈になる場合は調整します。

字間の目安

基本は 0 でOK check!

× before

吾 輩 は 猫 で あ る 。 名 前 は ま だ 無 い 。
ど こ で 生 れ た か と ん と 見 当 が つ か
ぬ 。 何 で も 薄 暗 い じ め じ め し た 所
で ニ ャ ー ニ ャ ー 泣 い て い た 事 だ け
は 記 憶 し て い る 。

・字間50%

スカスカでまとまりがない…

× before

吾輩は猫である。名前はまだ無い。どこで生れたかとんと
見当がつかぬ。何でも薄暗いじめじめした所でニャーニャー
泣いていた事だけは記憶している。

・字間-15%

なんだか窮屈…

○ after

吾輩は猫である。名前はまだ無い。どこで生れたか
とんと見当がつかぬ。何でも薄暗いじめじめした所
でニャーニャー泣いていた事だけは記憶している。

・字間0%

無難で読みやすい！

\Point/ 字面が大きいと窮屈に感じる

TA男爵	リュウミン	小塚明朝
香見日	香見日	香見日

小さい ←→ 大きい

字面が大きめな書体の例：小塚明朝、メイリオなど

書体によって字面（文字の形をした部分）に違いがある。この字面が大きい書体を文章にしたとき、字間が狭くなって圧迫感を感じることがある。窮屈だな…と感じたら5％ほど字間を広げてみよう。

section
03 文字は細部がキモ

ベタ打ちの文字は意外にガタガタしていて、そのままだと素人感が抜けません。特に目立つタイトルやコピー・見出しなどは、細部を整えるだけで一気にプロっぽくなります。ここでは、微調整すべき文字のポイントをご紹介します。

文字間をバランスよく

ベタ打ち文字を美しくするため、文字間を整えることを「**カーニング**」といいます。開きすぎている文字間をつめたり、窮屈な文字間を開いたり、文字列がバランスよく見えるように整えると、デザインのクオリティが格段に上がります。

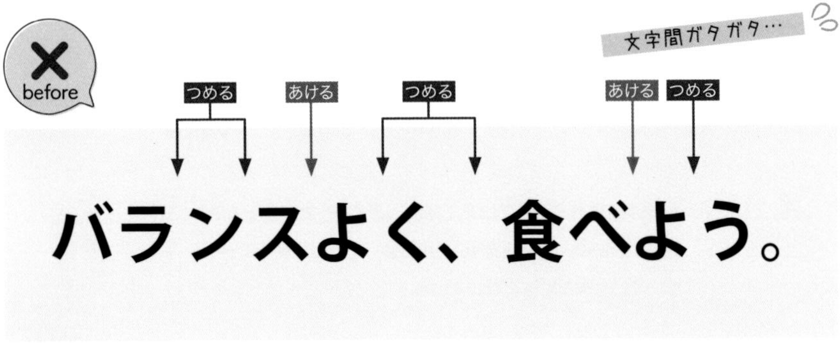

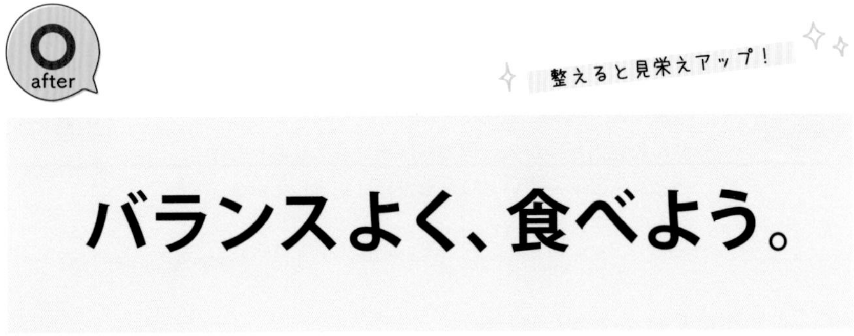

制作MEMO

カーニングは神経質になりすぎないのが◎

カーニングはとても繊細な作業。行うのと行わないのとでは雲泥の差が出るが、プロによるカーニングでも微妙に個人差があるため、慣れないうちはあまり神経質になりすぎないことが大切。「キレイに整ったな」と感じたらひとまずはOK。徐々にコツを掴んでいこう。

よくあるカーニングポイント

バランスのとれたカーニングを行うには慣れが必要です。ただし、ポイントを押さえるだけで素人感はなくなります。ここでは、よくあるカーニングすべきポイントをご紹介します。

句読点はツメる

句読点は広いスキマができるポイントです。間のぬけた印象にならないよう注意しましょう！

× before

つめる

ついに、　始動

○ after

ついに、始動

引き締まった印象に！

「1」の前後はツメる

数字の「１」は前後にスキマが開きやすいです。数字表現などするときは調整を忘れずに！

× before

つめる　つめる　つめる

1 23, 1 32, 2 1 2

○ after

123,132,212

プロっぽい仕上がり！

特有のクセを見抜く

記号やアルファベットには特有のカーニングすべきポイントがあります。また書体によってもクセが変わるため、代表例を押さえながらカーニングの感覚を掴んでいくのが上達の近道です。

「！」「？」はツメてサイズも調整

よく使う「！」「？」は前後がスカスカになりやすい代表例です。また、サイズが小ぶりのためサイズをやや大きくすると見栄えがアップします

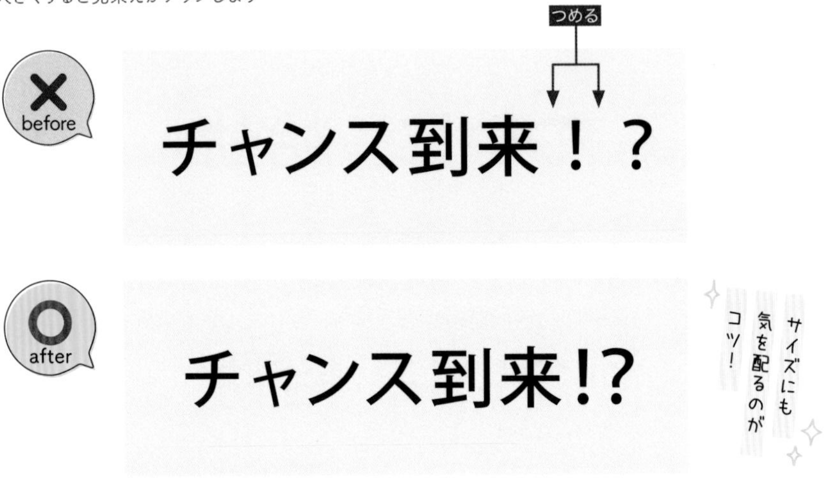

斜めのバランスをもつ文字はツメる

傾斜や斜めのバランスをもつ文字はスキマが開いて見えます。代表例として「A・T・V・W・Y」は前後、「F・L・K・P」は後にスキマが生まれやすいので注意が必要です

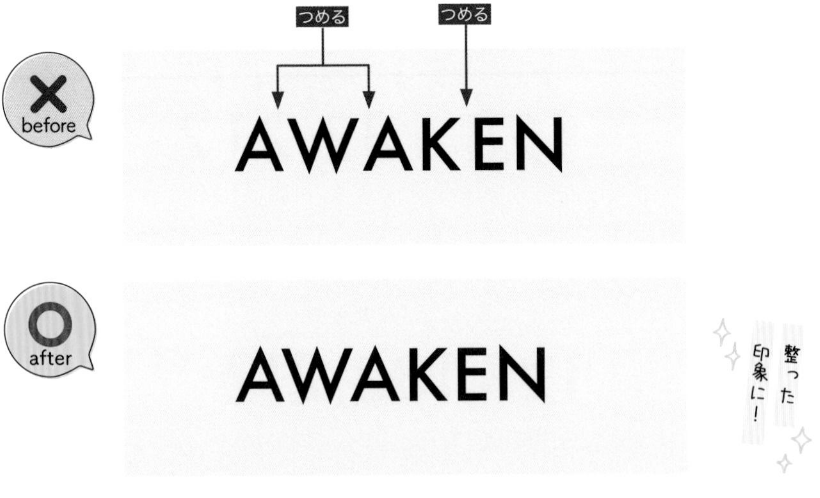

カーニング以外も意識

カーニングを行いながら、文字間以外の要素にも気を配ると、さらに完成度がワンランク上がります。細かいところですが、ひと手間加えるだけでグッと洗練されます。

かぎかっこの前後はツメて、細くするとGood!

かぎかっこの前後はスキマができます。ツメるだけでなく細めに調整すると見栄えが良くなります

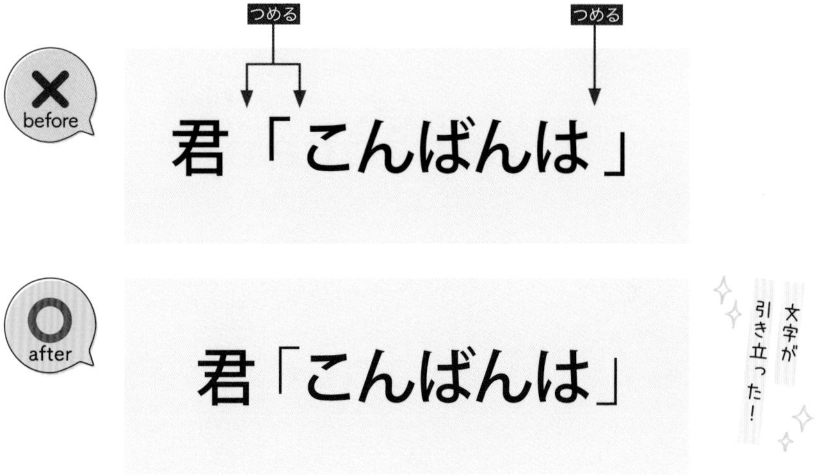

コロンやハイフンの前後は広げて、位置を上へ

文字間が詰まりやすいコロンやハイフンは、程よく広げると良いです。また、位置が下にずれて見えたら、上に調整するとキレイに見えます

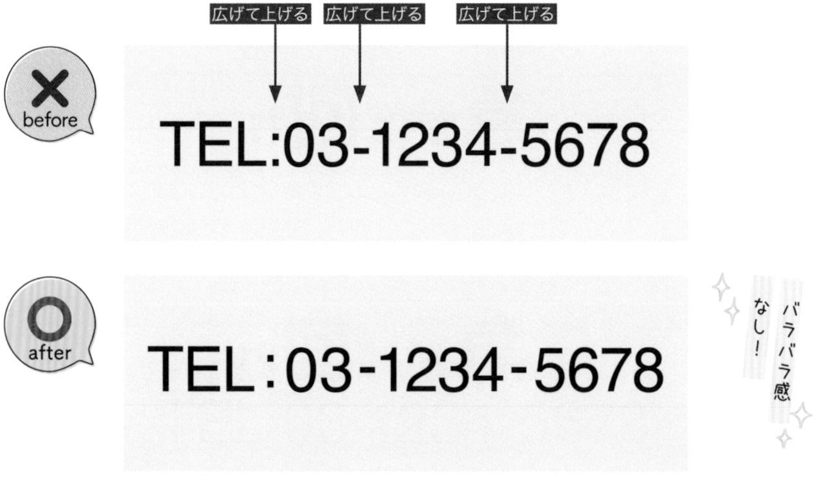

違和感を感じたら調整

文字調整にはハッキリした基準はなく、目安やポイントしかありません。そのため、違和感を感じることがとても重要です。自分の感覚で「なんか変かも」と感じたら「整った」と感じるまで調整してみてください。

ズレたかっこは高さを調整

かっこは高さがズレて見えることがあります。少しでも違和感を感じたら調整しましょう

全体の濃淡を揃えるため、太さを調整

一部を強調したい場合をのぞいて、ひとかたまりの文字列は太さを変えて濃淡を揃えると違和感がなくなります

・ヒラギノ角ゴシックW6

・ヒラギノ角ゴシックW6＋W8

欧文や数字は欧文フォント

日本語でデザインするとき、和文と欧文が混在します。その場合、和文フォントだけで制作せず、欧文や数字は欧文フォントを使うとキレイです。若干のサイズ調整が必要ですが、美しくバランスのとれた文字組みができます。

数字は欧文フォントにすると美しい

数字は和文フォントのままでも悪くはないですが、価格表現など利用シーンは多く、個性的なフォントで表現する場合を除き、欧文フォントに変えると美しくなります

・平成角ゴシック

ひと手間かけてプロっぽく！

・DIN Alternate＋平成角ゴシック

欧文は欧文フォントで。和文と合わせるならサイズ調整

欧文部分を欧文フォントにすると美しいです。その際、欧文は和文に比べて小ぶりのため、合わせて大きく微調整しましょう

・小塚明朝

一体感がアップ！

・小塚明朝＋Didot Regular（120％）

omake① 和文＋欧文書体の組み合わせ例

和文書体と欧文書体を組み合わせて使うシーンはたくさんあります。ここでは、うまく組み合わせるコツと参考例をいくつかご紹介します。下の例はできるだけパソコンに標準搭載されている書体や入手しやすい書体で構成しています。

\Point/ 組み合わせの考え方

1. 「明朝体とセリフ体」、「ゴシック体とサンセリフ体」を組み合わせるのが基本
2. 太さ・要素・筆法・雰囲気が近い書体を選ぶ
3. サイズを合わせる。欧文は105～115%程度に大きく調整することが多い

明朝系

紐解くWebデザイン

UD黎ミンL
＋Garamond Premier Pro 110%

品があり高級感が漂う組み合わせ。Garamondはモリサワの A1明朝やリュウミンと合わせても使いやすい。

Adobe Fontsのみで構成

紐解くWebデザイン

ヒラギノ明朝W6
＋Bodoni Roman 115%

モダンでオーソドックスな組み合わせ。適度な品格があり、クセも少なく使いやすい。

紐解くWebデザイン

游明朝体Demibold
＋Times New Roman Regular 115%

長文でも疲れない読みやすさが特徴。クセもないため、いろいろなシーンで使いやすい。

紐解くWebデザイン

DNP 秀英明朝B
＋Meta Serif Pro 115%

ウエイトを変えることで本文だけでなくタイトルや見出しに幅広く使える組み合わせ。

Adobe Fontsのみで構成

ゴシック系

紐解くWebデザイン

筑紫A丸ゴシック Bold
＋Sofia Pro Soft Medium 110%

丸ゴシックベースでやさしい雰囲気を出したいときに重宝する組み合わせ。タイトルやコピーに最適。

Adobe Fontsのみで構成

紐解くWebデザイン

游ゴシック体 R
＋Acumin Pro Extra Light 110%

やさしくやわらかいイメージを与え、長文でも読みやすい。本文向きの組み合わせ。

Adobe Fontsのみで構成

紐解くWebデザイン

游ゴシック体 Medium
＋Avenir Light 110%

やわらかさと品格を兼ね備えた組み合わせ。細くても読みやすい。

Adobe Fontsのみで構成

紐解くWebデザイン

ヒラギノ角ゴシック W3
＋Helvetica Neue Light 114%

リードやキャプションをはじめ、様々な用途に利用可能。本文用にも使えて汎用性がとても高い。

紐解くWebデザイン

Noto Sans(源ノ角ゴシック) Medium
＋URW DIN Medium 116%

可読性が高くウエイトも豊富に揃っている。太くすれば見出しや強調表現にも◎

Adobe Fontsのみで構成

紐解くWebデザイン

Noto Sans(源ノ角ゴシック) Heavy
＋Helvetica Bold 116%

クセがなく、ウエイトを変えても汎用性抜群。可読性もバッチリ。

紐解くWebデザイン

ヒラギノ角ゴシック W8
＋Futura Bold 105%

タイトルや見出しに。ヒラギノ角ゴシックの高ウエイトにはFuturaやFrutigerを合わせるのがオススメ。

omake② 数字表現で使いやすい書体

数字を使った表現は、料金やクーポン・キャンペーン類のバナー、日付などたくさんあります。数字は書体選びに時間がかかりがちですが、汎用的で美しいものを中心に押さえておくと選ぶのがグッとラクになります。ここでは数字表現で使いやすい美しい書体をご紹介します。

\Point/ 効果的な数字表現のコツ

数字表現をするときは、グループになる要素の中で最もアピールしたい数字を大きく見せる。とくに数字がいくつかあるグループを作るときは優先度を意識しよう

Minion Pro

柔らかな曲線により、やさしいイメージを感じる。シンプルでクセがないため汎用性が高い。

0123456789.,%

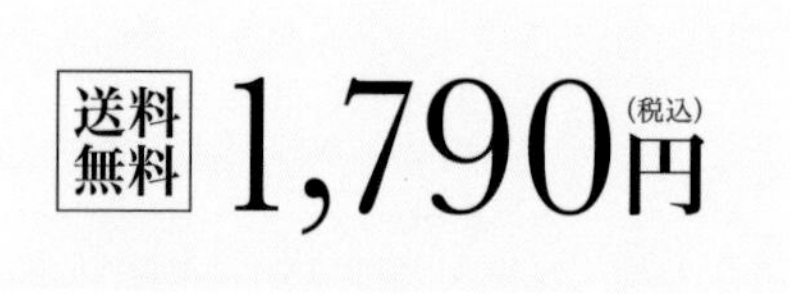

Baskerville

繊細で真面目な印象をもつBaskerville。ハイクラス転職のバナーなど、上品でフォーマルな表現をしたいときにも最適。

0123456789.,%

Times New Roman

シャープでやや堅めな印象をもつフォルムは、信頼性や知的さを表現する際に効果的。読みやすさも抜群で様々な使い方ができる。

0123456789.,%

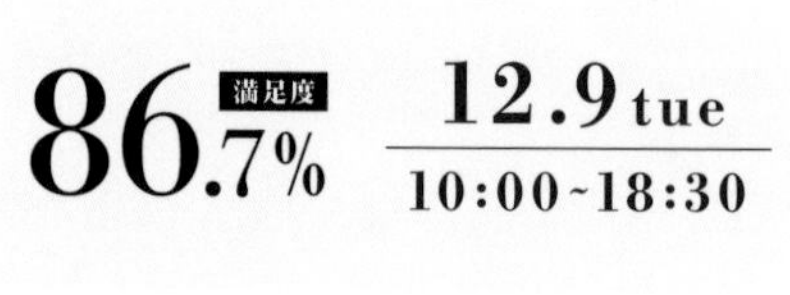

Bodoni URW

コントラストがハッキリとしていてエレガントなBodoniは数字をアピールしたいデザインにもピッタリ。ファッション系デザインにも多く見られる。

0123456789.,%

Alte DIN 1451

電話番号や価格などの数字表現で広く使われ、可読性・視認性が抜群。汎用性も高く使いやすい。

0123456789.,%

2.1［水］- 3.9［木］

Futura

Futuraは幾何学的なフォルムでモダンな表現ができる。数字もスッキリ美しく、脇役としても使いやすい。

0123456789.,%

最大で 19,000円 割引

DIN Alternate Bold

DIN Alternateは他のDINと比べ6や9が直線的に作られているため、様々なシーンでマッチしやすい。視認性も高く価格表記にもピッタリ。

0123456789.,%

2024.10.5|sat|

Impact

極太が印象的なImpactはポスターやタイトル表現などでよく見かけ、ハッキリと見やすい数字も使い勝手◎

0123456789.,%

500 ポイントプレゼント

5000円以上で 20%OFF

Stardos Stencil

工作っぽさが魅力的なステンシル体。特徴的なルックスが数字を目立たせたいときにピッタリ。使いづらいイメージだが、身近なクーポンなどにも幅広く使える。

0123456789.,%

2024.12.1(SUN)

Adobe Caslon Pro Bold Italic

優雅で洗練されたイメージのCaslonは様々なシーンで使いやすい書体。数字は上品で美しく、Italicで少し動きを出すのもオススメ。

0123456789.,%

4.29 SAT - 5.2 TUE

American Typewriter

丸みを帯びたルックスが印象的で、日付表現だけでなくセールやキャンペーンなど様々なシーンで使える。

0123456789.,%

25th ANNIVERSARY

300pt プレゼント！

Ultra Regular

超極太でインパクト大な数字表現ができる。セールなどの数字をアピールしたいときにも重宝する。

0123456789.,%

section
04 完成イメージからフォントを選ぶ

フォントを選ぶとき「種類が多すぎて迷う…」「しっくりくるフォントが見つからない…」という経験はありませんか？　フォント選びの方法はたくさんありますが、最終的な完成イメージから逆算する方法が、最も確実で迷いがありません。

完成イメージの方向性を決める

使うフォントを選ぶ際、まずは完成イメージの方向性を決めます。例えば求人バナー制作なら、格式・信頼感をアピールする方向性なのか、フレンドリーでカジュアルな方向性なのかで、使うフォントは変わります。

（例）求人バナーの方向性

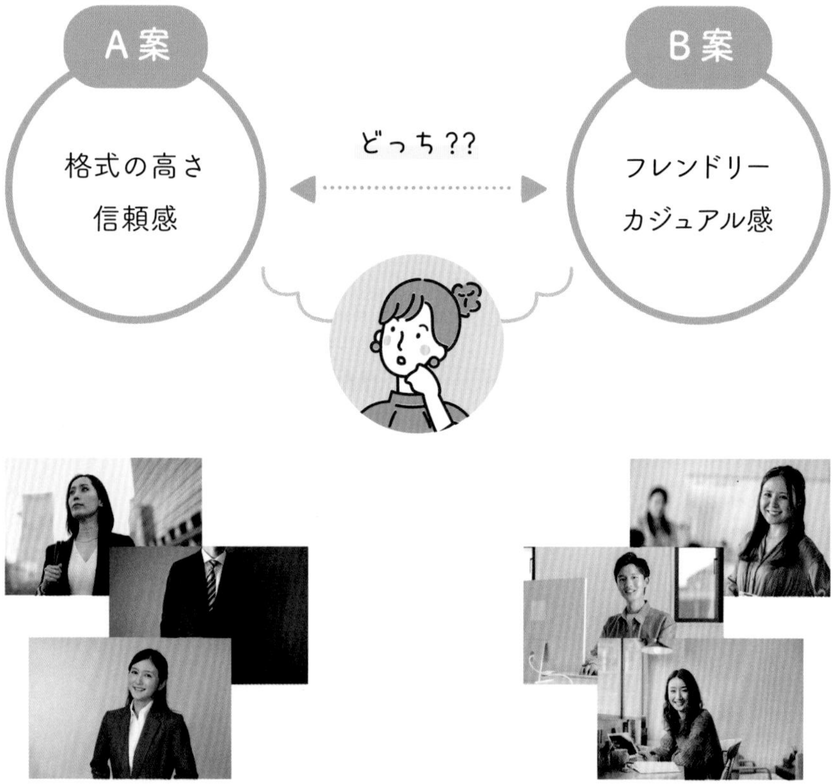

方向性に合わせて絞る

完成イメージの方向性が決まったら、フォントの印象から方向性に合うものを絞り込んでいきます。フォント選びに慣れるまでは、下の図のようにあらかじめフォントを印象別にカテゴリー分けしておくと、膨大なフォントリストをなんとなく眺めながら選ぶより効率的です。

和文フォントの印象マップ

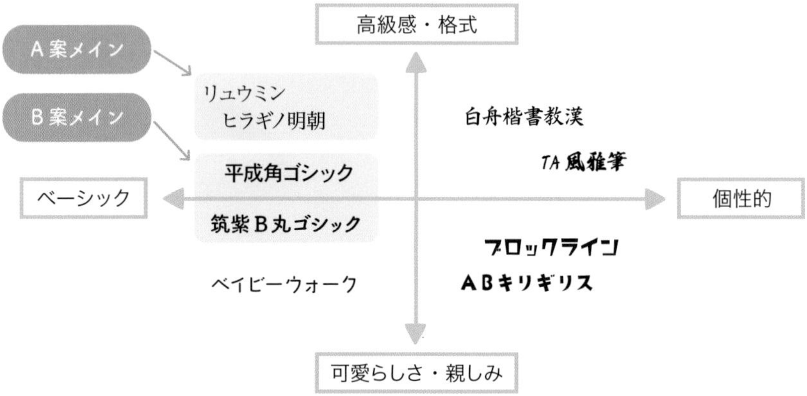

欧文フォントの印象マップ

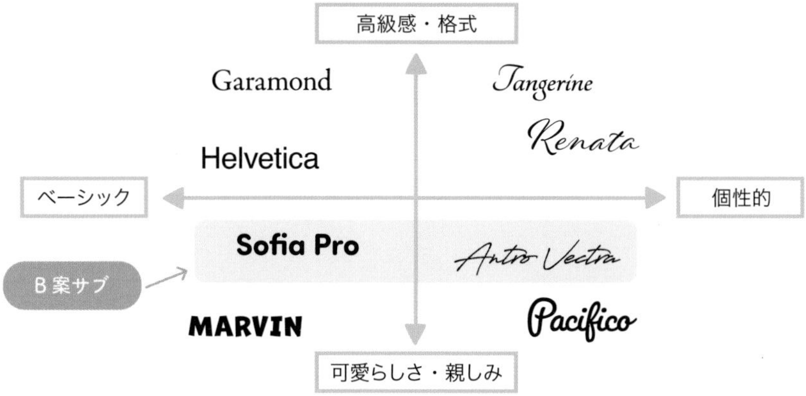

＼Point／ フォント選びをラクにするカテゴリー分けのコツ

1. 身の回りにあるデザインを参考に、似ているフォントを分類しておく
2. 一度使ったフォントはカテゴリー分けしておく
3. 印象によって数が偏らないように、満遍なく３種類ほど用意しておくと便利

絞ったフォントでレイアウト

方向性に合わせてフォントを絞り込んだら、レイアウトを行います。A案は信頼性を崩さないため、過度な装飾や個性的なフォントは使用していません。高級感のあるシンプルなフォントを選び、フォーマルで品格あるイメージを生み出しています。

font メインフォント：ヒラギノ明朝 W3・W6

堅実で信頼できそうな印象に！

制作の方向性

信頼性と品格を感じさせることでサービス利用を促す。求人の品質の高さが窺えるように、フォーマルで品のあるイメージを作成する

使用フォントについて

信頼性と高級感を表現するため明朝体を使用し、クールでスマートな印象のあるヒラギノ明朝をメインフォントに

基本的に、**フォントは和文と欧文それぞれ1種類あれば事足りることが多い**です。特に慣れないうちは、無闇にフォント数を増やすと迷いの原因になるため、どうしても何か変化をつけたいとき以外は増やさないほうが無難です。

サブフォントでバランス調整

B案は親近感の表現で、品格を壊さないように注意する必要があります。メインフォントに丸ゴシックや個性的なフォントを使うと、ここではカジュアルになりすぎてしまうため、代わりに親しみを感じるサブフォントをあしらい、フレンドリーな雰囲気を加えています。

font メインフォント：平成角ゴシック W7・W9　サブフォント（装飾として）：Antro Vectra

適度な親しみを感じるバナーに！

制作の方向性

格式ばらず親近感を感じさせることでサービス利用を促す。ただし、カジュアルになりすぎてチープになるのはNG。サービスの品格は保つ

使用フォントについて

見出しから本文まで幅広く使えてオーソドックスな平成角ゴシックをメインフォントに使用。親しみ深い雰囲気を作るために、欧文フォントの筆記体を装飾としてあしらっている

このように方向性に合わせてフォントを絞り込めば、デザインをしながらフォントを選ぶよりもミスマッチが起こりません。「いつもフォントに迷う…」「なんだかイメージと合っていない気がする…」と悩みがちな方は、ぜひこの方法を試してみてください。

omake③ フォントの印象マップ

下図のようにフォントの印象をある程度カテゴリーに分けておくと、作りたいイメージに合ったフォントを選びやすくなります。印象はあくまで主観ですが、身の回りのデザインに使われているフォントも参考にしながらマッピングしてみましょう。

和文フォントの印象マップ

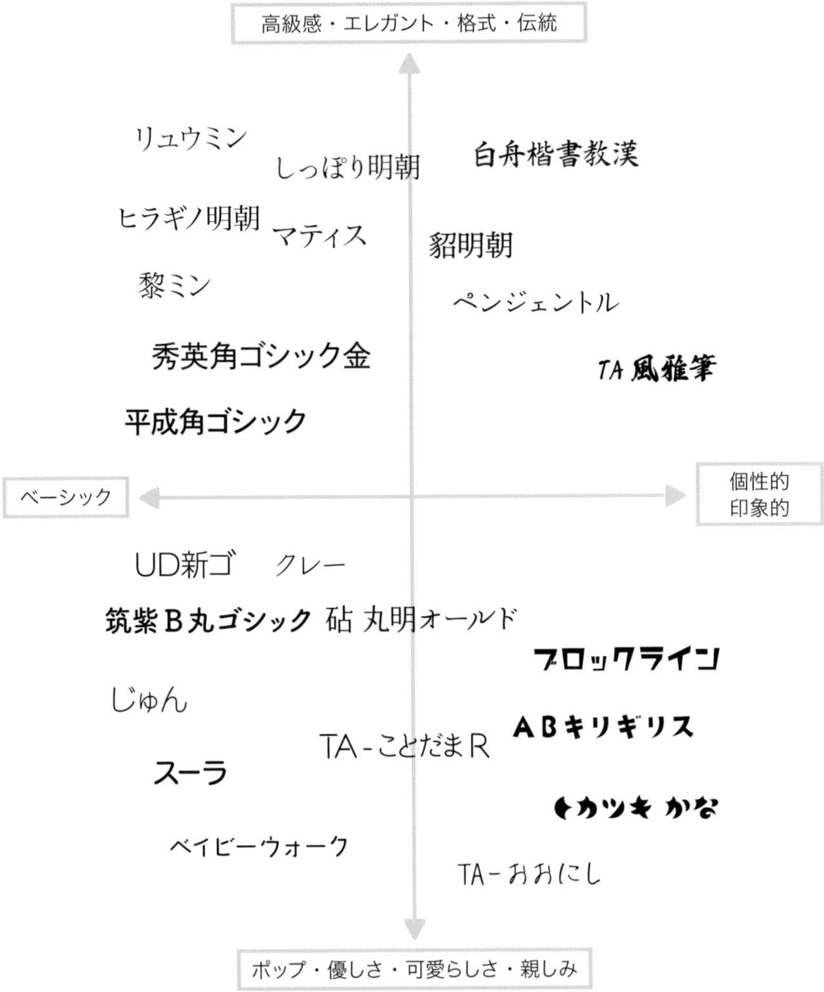

制作MEMO

太さ字間で印象が変わる

太さや字間をアレンジすると、同じフォントでも印象が変わる。慣れないうちはフォント自身がもつイメージを活かして制作し、徐々にこうしたアレンジも取り入れてみよう。

Luxury ▶ **POP**

格式・洗練　　親しみ・キャッチー

font （左）Helvetica Lignt ／（右）Helvetica Bold

欧文フォントの印象マップ

omake④ 失敗しない！ 迷ったときのオススメフォント

フォントで迷ったときに役立つフォント集です。できるだけ汎用的に使えて失敗せず、なおかつ入手しやすいフォントを厳選しました。また、デザイン書体などの個性的フォントはテーマによって多数あるため、使いやすく使用頻度が高いものを厳選しています。

明朝体

デザインは文字で楽しくなる

DNP 秀英明朝 Pr6

「い」や「は」などが一筆書きになっていて、伝統的で落ち着いた雰囲気をもつ明朝体。本文組みでも読みやすく、見出しにも使える。

デザインは文字で楽しくなる

ヒラギノ明朝

品があり切れ味の良いシャープなルックスの明朝体。
クセがないため使いやすく幅広いシーンで活躍する。

デザインは文字で楽しくなる

しっぽり明朝

なめらかでとても美しい明朝体。見出しに使う際、文字間を広くとると上品な空気感が生まれ、雰囲気を活かせる。

セリフ体

This is your time to shine.

Garamond Premier

セリフ体の代表格ともいうべきGaramondは、程よくクラシカルでクセがなく、本文・見出しともに使えて汎用性が高い。

This is your time to shine.

Times New Roman

元々新聞用として開発されたため、小さいサイズでも読みやすい本文向きの代表格。真面目な印象もあり堅実性を表現したいときにも使えます。

This is your time to shine.

Didot

ファッショナブルでハッキリしたコントラストが魅力のセリフ体。横線が繊細なため小さな文字や本文には不向きだが、見出しやタイトルに使うと上品でゴージャスな雰囲気に。

ゴシック体

デザインは文字で楽しくなる

ヒラギノ角ゴシック

あらゆる場面において活躍する汎用性の高いゴシック体。
ウエイトが豊富で迷った時に使える安心感が魅力。

デザインは文字で楽しくなる

游ゴシック体

Windowsとmacに標準搭載されWebデザインにも多用されている。引き締まった漢字と小ぶりな仮名がスッキリとしたゴシック体。長文でも読みやすい。

デザインは文字で楽しくなる

源ノ角ゴシック（Noto Sans JP）

ヒラギノ角ゴシックに似たオーソドックスなゴシック体。
入手しやすく、ウエイトもとても豊富で使いやすい。

サンセリフ体

This is your time to shine.

Helvetica

ロゴや見出し、本文など様々な用途で使われており、ベーシックで安定感のある王道サンセリフ体。

This is your time to shine.

Futura

有名ロゴにも多数採用され、幾何学的でオシャレな雰囲気をもつサンセリフ体。ウエイト調整で洗練されたイメージからポップ感まで幅広く表現できる。

This is your time to shine.

DIN 2014

無機質で直線的なフォルムのDINはとても視認性にすぐれたサンセリフ体。
日付やプライス表示など数字表現にもよく使われる。

This is your time to shine.

Gill Sans

人間味のある曲線が魅力のサンセリフ体。ウエイトを太くするほど親しみを感じ、ロゴやファッション系にも多く使われている。

丸ゴシック体

デザインは文字で楽しくなる

筑紫A丸ゴシック

やや和風で大人っぽさがあり、可愛くなりすぎない丸ゴシック。漢字以外の文字にラフっぽさを加え、やや古風な筑紫B丸ゴシックも使いやすい。

デザインは文字で楽しくなる

Rounded M+ 2p

ウエイトがとても豊富に揃うため、いろいろな用途に使える。
入手もしやすく、シリーズ全体でとても重宝する。

デザインは文字で楽しくなる

平成丸ゴシック Std

文字の内側の空間が広く、明るさを感じる丸ゴシック。
読みやすさが抜群で、本文や見出しに幅広く対応できる。

デザインは文字で楽しくなる

DNP 秀英丸ゴシック Std

クラシカルで優しい雰囲気をもつ丸ゴシック。
安定感があり長文に使っても読みやすい。

ラウンデッド体

This is your time to shine.

Sofia Pro Soft

幾何学的なSofiaがベースになっていて、特に円形のニュアンスが活きていてコロコロとかわいらしい。
タイトルなどに添えたりするのも◎

This is your time to shine.

Proxima Soft

紙・Web問わずに使いやすいProximaのラウンデッド体。
ウエイトがとても豊富であり、統一感を崩さずに使用できる。

THIS IS YOUR TIME TO SHINE.

JAF Domus Titling

適度な丸みで小洒落た印象があるラウンデッド体。
細くすると優しいイメージに、太くするとポップ感が引き立つ。

筆書体・デザイン書体

デザインは文字で楽しくなる

ABあっぱれ

一見使いづらそうだが、1文字ずつばらして大きさを変えたり上下に動きをつけると、ラーメン屋や小料理屋のようなロゴ風のアレンジが簡単にでき重宝する。

デザインは文字で楽しくなる

ABキリギリス

そのまま使うだけでロゴタイトルになってしまうほど印象的で楽しげなデザイン書体。バナーやSNSなどにも気軽に使えて、初心者でも扱いやすい。

デザインは文字で楽しくなる

ふい字

ちょっとしたあしらいや吹き出しと組み合わせて使うと手軽にほっこりとしたニュアンスを表現できる。

デザインは文字で楽しくなる

FOT クレー Pro

クレーは鉛筆やペンで書いたような印象の硬質書体。
手書き風ながら安っぽくならず、品良くまとめたいときに便利。

スクリプト体・デコラティブ体

This is your time to shine.

Snell Roundhand

フォーマルな雰囲気で王道のスクリプト体。エレガントで高級感のある表現をはじめ、紙面に動きを与える装飾としても使える。

This is your time to shine.

Shelby

曲線がかわいらしいスクリプト体。
カジュアルな雰囲気をもちワンポイントであしらうだけでグッとオシャレに。

This is your time to shine.

Thirsty Script

レトロでヴィンテージ感が持ち味のスクリプト体。カフェ風デザインや各種イベントなど、ウエイトを変えることで様々なシーンに使える。

section 05
フォントは「基本」と「個性派」で制す

フォントは大きく分けて、メインで使う「基本書体」とここぞというときに使う「個性派書体」の2グループで考えるのがオススメです。いきなりフォントを選ぼうとしても迷ってしまうので、まずは大きく「基本」と「個性派」があるということを覚えましょう。

まずはここから「基本書体」

基本書体は制作のメインとして使用する書体です。クセが少なく汎用性が高いため、まずは基本書体の中から最適なものを選んでデザインを行います。

和文書体

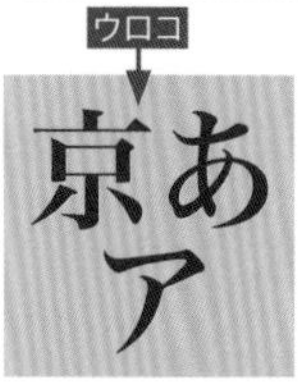

ヒラギノ明朝Pro

明朝体
ウロコと呼ばれる飾りがある。線に緩急があり長文でも読みやすい。品があり伝統的な印象をもつ

平成角ゴシック Std

ゴシック体
線幅がほぼ同じで、ハッキリと見えて視認性が高い。シンプルで現代的な印象をもつ

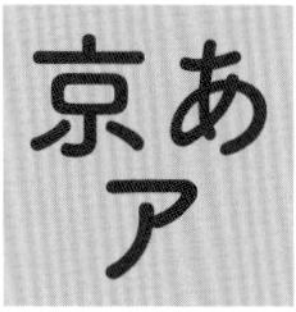

筑紫A丸ゴシック

丸ゴシック体
丸みが可愛らしく、明朝やゴシックに比べて柔らかでソフトな印象をもつ

欧文書体

Times New Roman

セリフ体（Serif）
セリフと呼ばれる飾りがある。線に緩急があり長文でも読みやすい。上品で落ち着いた雰囲気をもつ

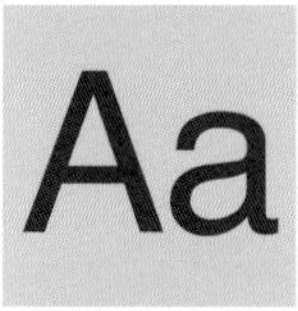

Helvetica

サンセリフ体（Sans-Serif）
セリフがなく線幅がほぼ一定で、小さくても視認性が高い。汎用的で現代的な印象をもつ

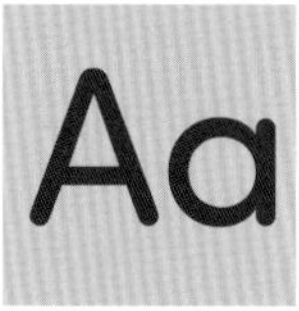

Sofia Pro Soft

ラウンデッド体（Rounded）
丸みが優しく柔らかな印象を与える。また、ころころとした形がポップで可愛らしい表現にも向いている

\Point/ 特徴が似ている基本書体をセットで使おう！

フォント選びに慣れないうちは、特徴や役割が似ている和文書体と欧文書体をペアで使うようにするとラク。この本で紹介している参考デザインもほとんどがペア使いで作成

＼上品で美しい／
明朝体＋Serif

＼目立って万能／
ゴシック体＋Sans-Serif

＼ソフトでかわいい／
丸ゴシック体＋Rounded

クセ強でインパクト大「個性派書体」

個性派書体は思わず目を引くようなインパクト大の書体です。クセが強いため、基本書体と比べると使いどころが難しく使用頻度は少なめですが、とても印象的。物足りないときのあしらいや、基本書体だけでは表現できないイメージ作りなど、いざというときにとても頼りになります。

和文書体

京あア　京あア

（左）HOT-白舟行書教漢　（右）AB -渡月勘亭流

筆書体

筆のイメージにより、和風で伝統的な印象を与える。楷書や行書など様々な種類がある

京あア　京あア

（左）AB-椿　（右）VDL メガ丸

デザイン書体

いろいろな形やテーマによって設計された個性溢れる書体。ロゴやタイトルなど目を引きたい場合などに使うことが多い

欧文書体

Aa　Aa

（左）Mina　（右）Adobe Handwriting

スクリプト体(Script)

筆記体や手書き文字など、アクセントやあしらいとして活躍することが多い書体。ラフでカジュアルな印象を与えられる

AA　Aa

（左）Marvin　（右）Waldo Shadow

デコラティブ体(Decorative)

見出しや装飾などのアイキャッチに効果的で個性的な書体。印象は書体により様々で、クセが強い

\Point/ 個性派書体は物足りないときに！

個性派書体をロゴやタイトルなど主役で使うとインパクト大だが、使えるシーンが限られる。まずは基本書体を使い、個性派書体は物足りないときに使うと効果的

明朝体 + Serif

ゴシック体 + Sans-Serif

丸ゴシック体 + Rounded

＋

筆書体
デザイン書体
DECORATIVE
Script

飾りやアクセント
アイキャッチに！

読みやすく情緒的な「明朝体」と「セリフ体」

それでは、基本書体の中から特徴と役割が似ている書体をペアで紹介していきます。
まず、和文の「明朝体」と欧文の「セリフ体」は、文字量が多くても圧迫感なく読みやすいのが特徴で、どちらも線に緩急がありスッキリとした書体です。太さによって印象は変わりますが、情緒的な表現を行うときにも活躍します。

明朝体が与える印象例

透き通った空　透き通った空　**透き通った空**

優美
気品
繊細さ
透明感

太さ

厳格
信頼感
伝統的
説得力

セリフ体が与える印象例

All is well.　All is well.　**All is well.**

洗練
気品
繊細さ
神秘的

太さ

権威性
パワフル
重厚感
伝統的

\Point/ 明朝体とセリフ体の使いどころ

情熱的な表現に

高級感・品格・質の良さ・優雅さ・信頼感・歴史・オーラ・ムードなどの演出

長文・本文に最適

長文になってもストレスなく読みやすい

\ スラスラ読める！ /

吾輩は猫である。名前はまだ無い。どこで生れたかとんと見当がつかぬ。何でも薄暗いじめじめした所でニャーニャー泣いていた事だけは記憶している。吾輩はここで始めて人間というものを見た。

余白で引き立つ上品な余韻

高級感や格式・大人っぽさなどを表現したいとき、明朝体とセリフ体はとても重宝します。
余白をたっぷりとったり、組み合わせる素材によって他の書体にはない風情や趣も感じさせることができます。上品さが欲しいときには、まずは明朝体とセリフ体を使ってみてください。

✕ before

いまいち高級感がない…

font Helvetica Neue　ヒラギノ角ゴシック

○ after

上品なイメージで高級感アップ！

font Bodoni URW　しっぽり明朝

見やすく万能「ゴシック体」と「サンセリフ体」

次に、和文の「ゴシック体」と欧文の「サンセリフ体」は、どちらも線の太さがほぼ均一でクッキリと見える書体です。
シンプルで様々なシーンに対応でき汎用性はピカイチ。パッと目を引きたいコピーや見出しをはじめ、様々な用途で媒体を問わず利用できます。

ゴシック体が与える印象例

透き通った空　**透き通った空**　**透き通った空**

都会的
現代的
繊細
洗練

← 太さ →

パワフル
重厚感
インパクト
カジュアル

サンセリフ体が与える印象例

All is well.　**All is well.**　**All is well.**

都会的
現代的
ナチュラル
洗練

← 太さ →

パワフル
重厚感
インパクト
ポップ

\Point/ **ゴシック体とサンセリフ体の使いどころ**

文字に注目させる

キャッチコピー・タイトル・見出し・看板など、パッと目に入れたい情報に

「読ませる」より「見せる」

長文を読ませるのではなく、端的に要点を見せるプレゼン資料や図には特に効果的

合わせやすく幅広い表現に

ゴシック体とサンセリフ体は、どんなデザインにも合わせやすいため、フォントに迷ったときの強い味方になります。他の書体のように特化した個性がないぶん、ポップなイメージからクールな表現まで幅広く使えます。
明朝体ほどかしこまらず、丸ゴシックほど幼く見えないバランスの良い書体です。

× before

フォントが幼稚すぎるかも…

font A-OTF じゅん Pro　Sofia Pro Soft

○ after

フォーマルな印象で引き締まった！

font ヒラギノ角ゴシック　DIN 2014

ソフトでかわいい「丸ゴシック体」と「ラウンデッド体」

和文の「丸ゴシック体」と欧文の「ラウンデッド体」は、丸みがありソフトな印象の書体です。可愛らしく暖かみがあり、堅苦しさに親近感を加えたり、柔らかい雰囲気を作るのに効果的です。ただし、幼稚に見えることもあり、ビジネスシーンなど適さない場面もあります。

丸ゴシック体が与える印象例

透き通った空　　透き通った空　　透き通った空

ナチュラル
やさしさ
安らぎ
癒し

← 太さ →

柔らか
かわいさ
暖かみ
親しみ

ラウンデッド体が与える印象例

All is well.　　All is well.　　All is well.

ナチュラル
やさしさ
安らぎ

← 太さ →

柔らか
かわいさ
楽しさ
親しみ

\Point/ 丸ゴシック体とラウンデッド体の使いどころ

ソフトなイメージ作り

かわいさ・楽しさ・キッズ・親近感・柔らか・ほっこり・やさしさ・自然派などの演出

緊張感を軽減

かしこまった雰囲気や緊張感を和ませたいときにも効果的

やさしいイメージに早変わり

「柔らかな印象にしたい…」「イラストを使わずにゆるさを出したい…」というときは、丸ゴシック体やラウンデッド体を使うと効果的です。
特にタイトルや見出しに使うと、全体をやさしいイメージにガラリと変えられます。

before

font 源ノ明朝　Adobe Caslon Pro

少しほっこりとしたニュアンスを出したい…

after

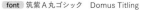

font 筑紫A丸ゴシック　Domus Titling

やさしい印象で商品の魅力が引き立つ！

慎重に使おう「個性派書体」

個性派書体は、たくさんの種類があります。かわいいものやコミカルなものなど、インスピレーションが刺激されます。ただし、個性派書体は個性が強すぎて、無闇に使うとデザインの方向性を壊す原因になります。完成イメージに合わせて慎重に選ぶようにしましょう。

個性派書体のイメージ例

※ 個性派書体はフリーフォントなどを含めると無数にあるため、
ここでは Adobe Fonts を中心にご紹介します。

楽しげ	かわいい手書き	優雅な令書
青くて広い海	青くて広い海	青くて広い海
AB Tombo Bold	TA 恋心	HOT- 白舟隷書 R

ミステリアス	古印体ホラー	なごみ系
青くて広い海	青くて広い海	青くて広い海
黒薔薇シンデレラ	HOT- 白舟古印体	AB - ウォーク

タイプライター	ドット	立体
Take it easy.	Take it easy.	TAKE IT EASY.
American Typewriter	AB-megadot 9	Sutro Shaded Primary

独特な手書き	かすれ文字	ポップ
Take it easy.	TAKE IT EASY.	TAKE IT EASY.
Providence Pro	BMX Radical	Droog

\Point/ 個性派書体の使いどころ

ちょこっと添えて変化を

筆記体や手書き文字などを添えると動きや変化がつき、印象深さがアップ

タイトルロゴっぽく

そのままでもロゴっぽく使えて、アレンジすると個性がさらに際立つ

思い切って個性派を主役に

個性派フォントはクセが強く扱いが少し難しいです。普段は脇役として、デザインに変化をつけるために使うのがオススメですが、クセを活かしあえて主役として使うとオリジナリティが増し、グッと印象深くなります。

before

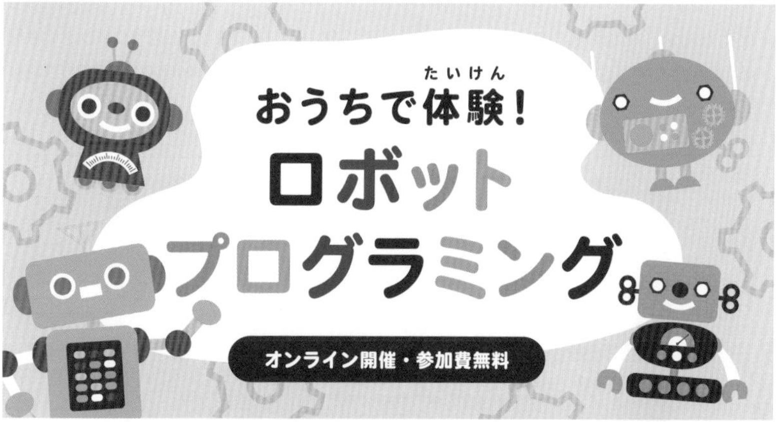

悪くはないけどイマイチ印象がうすい…

font 平成丸ゴシック Std

after

個性派フォントで印象的に！

font AB Tombo Bold

section 06

まずは和欧フォント1種類から

1つのデザインにたくさんのフォントを使うと、統一感がなくなったり意図が伝わりづらくなります。数種類のフォントをうまく使いこなすテクニックもありますが、まずは和文・欧文フォントをそれぞれ1種類ずつ使うことから始めていきましょう。

フォントを減らして統一感

1種類だけだと物足りなさを感じるかもしれませんが、意外にも「これだ」と思うフォント1種類で事足りることも多いです。フォント数を増やすとミスマッチのリスクが高まるため、理由なくフォント数を増やすのはオススメできません。

× before

フォント数が多いと
統一感がない…

○ after

統一感が生まれた！

font 和文：源ノ明朝　欧文：Garamond Premier Pro italic

多くても3種類まで

慣れてきたら使うフォントを徐々に増やして表現の幅を広げていきましょう。ただし統一感がなくならないよう、**1つのデザインに使うフォントは2〜3種類**にとどめるのがポイントです。

before
もう少し
ムードが欲しいなぁ……

フォトグラファーの、
休日の極意。

赤坂太郎の写真は、独特の空気感で幻想的なものから、そこにあるリアルをありのままに捉えた作品まで幅広い。だが、どのようなジャンルの表現であっても、彼の作品には彼自身のアイデンティティを感じとれる。三度の飯より自然が好きだという彼は、仕事以外の時間は自然とともに過ごしているという。写真家としての彼は人が冒すことの出来ない「ありのまま」という概念を自然に囲まれた世界で探り続けている。

インタビュアー：春山智彦　文：秋本章

font 源ノ角ゴシック JP

after
見出しを明朝体にして
印象深さアップ！

フォトグラファーの、
休日の極意。

赤坂太郎の写真は、独特の空気感で幻想的なものから、そこにあるリアルをありのままに捉えた作品まで幅広い。だが、どのようなジャンルの表現であっても、彼の作品には彼自身のアイデンティティを感じとれる。三度の飯より自然が好きだという彼は、仕事以外の時間は自然とともに過ごしているという。写真家としての彼は人が冒すことの出来ない「ありのまま」という概念を自然に囲まれた世界で探り続けている。

インタビュアー：春山智彦　文：秋本章

font 源ノ角ゴシック JP　源ノ明朝

\Point/ 複数フォントを組み合わせる手順

1. まずはベーシックなフォント1種類でレイアウトする
2. それぞれの要素の役割を考え、意図に合ったフォントを選ぶ

一瞬で内容を訴求したい	ゆったり上品に伝えたい
太めのゴシック体	品のある明朝体

3. 全体のイメージに合っているかを確認

太さでイメージチェンジ

タイトルやコピー・キャプションなどを1種類のフォントのみで構成するときは、すべて同じ太さのままだと単調になりがちです。同じフォントでも太さを変えれば、フォント数を増やさずにメリハリをつけたりガラッとイメージを変えられます。

× before

太さが同じだと
単調…

font Avenir Medium

○ after

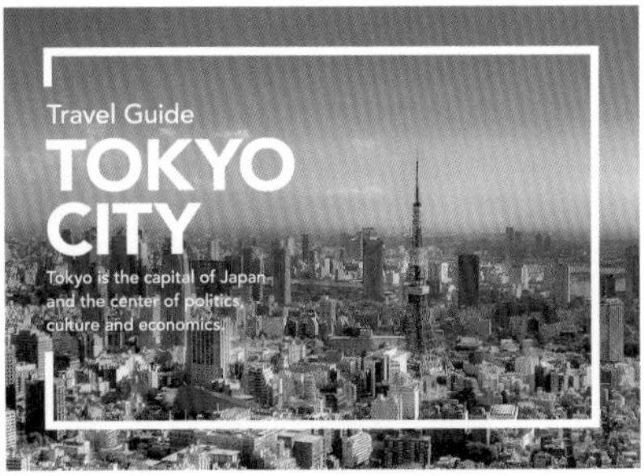

font Avenir Medium / Black

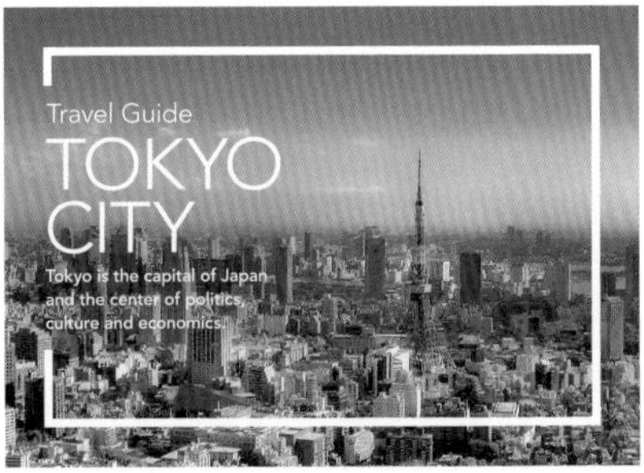

font Avenir Medium / Light

タイトルを太めにして
メリハリ！

細めに調整すれば
洗練されたイメージに！

\アレンジ/ 他にも使える！ 太さ変え

強調

何度でも言おう、
私は**デザイン**が好きだ。

源ノ角ゴシック Normal / Bold

見出し・本文の区別

お友達紹介制度

お友達をご紹介いただくと、お友達・ご紹介者
それぞれに割引クーポンを差し上げます。

小塚ゴシック H / R

デザインのアクセント

FAIRYTALE

Gill Sans SemiBold / Light

種類が豊富なフォントファミリーを使う

前ページの例のように、太さなどのバリエーションがあるフォントグループを「**フォントファミリー**」と呼びます。フォントファミリーのフォントはコンセプトや要素が共通で、いくつか使っても統一感がキープできます。使うフォント数を減らすコツとして、なるべく種類が豊富にあるフォントファミリーを選ぶと良いです。

和文フォントのフォントファミリー例(ヒラギノ角ゴシック)

W0 W1 W2 W3 W4 W5 W6 W7 W8 W9

欧文フォントのフォントファミリー例(Acumin)

Thin Extra Light Light Regular Medium Semibold Bold Black Ultra Black

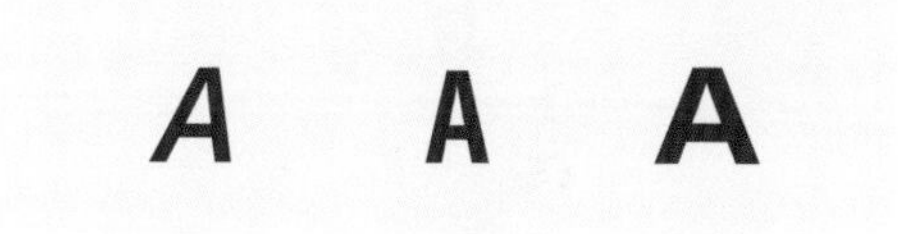

Italic　Condensed (Narrow)　Wide (Extended)

\Point/ **同じ斜体でもちがう! イタリックとオブリーク**

イタリックとオブリークは一見同じ斜体に見えるが、両方ある場合はイタリックを使おう。特にセリフ体は違いがわかりやすい

イタリック(Italic)

筆記体のニュアンスがあり、細部が調整されているためキレイ

オブリーク(Oblique)

単純に文字を斜めにしただけで無調整のため、やや細く見えたり文字の一部が歪んでいる

section 07

タイトルはタイトルらしく

デザインに慣れないうちは、特に悩むのがタイトル制作です。タイトルはアイキャッチとしてだけでなく、内容の全体像を伝える役割もあり、他の要素とハッキリ区別したいものです。
「ベタ打ちのままだとなんかパッとしない…」という方に、タイトルをタイトルらしくするテクニックをご紹介します。

コツを押さえて垢抜けタイトル

次ページからご紹介する10のテクニックを組み合わせると、下の例のように単調なタイトルも目を引く魅力的なものになります。タイトル制作のテクニックはたくさんありますが、特に使うことが多く、効果が大きいものを厳選しました。まずはできそうなものから1つずつ、自身の制作に取り入れてみてください。

before

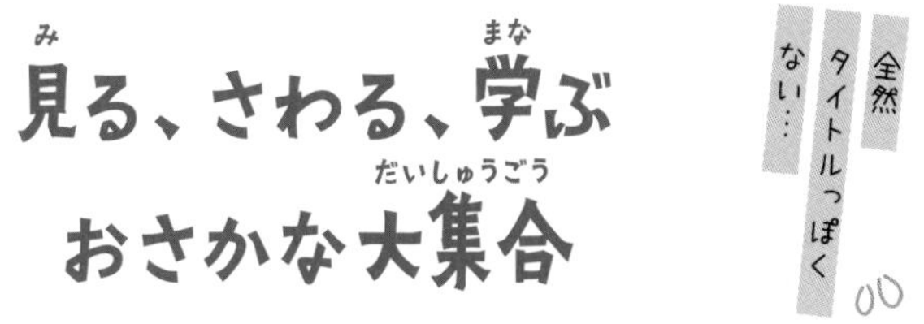

after

\Point/ タイトル制作のコツ

1. 太めのフォントを使うとタイトルらしさが出やすい
2. いきなり複数のテクニックを使わず、1つずつ取り入れる
3. こだわりすぎは迷走に繋がりやすい。加工はシンプルでOK

ちょこっといじるだけ

限られた制作期間の中で「タイトルに時間をかけられない…」ということも多いはず。そんな時は、ちょこっと手を加えるだけで素人感がないタイトルにアレンジできます。

文字の大小でメリハリ

一部の文字を小さくする簡単アレンジです。ただ小さくするだけだとベースラインがズレるため、仕上げに揃えましょう

メリハリが出てタイトルっぽくなった!

font DNP 秀英にじみ明朝 Std

文字を添える

タイトルの和訳やサブコピーなどを添えるだけです。グループとしてまとまりが出て、断然タイトルらしくなります

さりげないけど効果大!

font A-OTF UD新ゴ Pro／Futura

\アレンジ/ **他にもいろいろ添えるだけ**

何かを添えるだけでタイトルっぽくなるので、いろいろと試してみよう!

アーチ文字を

集中線を

分けたタイトルを

あしらうだけ

「文字だけだとなんだか味気ない…」という方は、あしらいを加えてみては。タイトル作りが苦手な方は、ベタ打ちの文字にあしらうだけでもグッとタイトルらしくなります。

リボンをあしらう

リボンをあしらうアレンジです。イベントやキャンペーンなど様々なシーンで使いやすく、簡単にタイトルらしさも出せます

お祝い感を出したいときにピッタリ！

font Proxima Soft／筑紫A丸ゴシック

罫線・フレームをあしらう

罫線やフレームをあしらうだけの簡単アレンジです。とてもシンプルな方法ですが、タイトルと他の要素との区別がハッキリするため効果的です

ベタ打ち文字でもタイトルっぽい！

font 游ゴシック体

\アレンジ/ **罫線・フレームのイメージ例**

線だけでもタイトルらしくなる。また、罫線・フレームによって雰囲気をガラッと変えられる

シンプル線　手書き風　フレーム

文字が多くてもキマる

タイトルの文字数が多いと、メリハリがなくなったりおさまりが悪くなりがちです。文字数が少ないときはもちろん、多いときでもサマになるアレンジを紹介します。

左右を揃える

左右を揃えて並べるアレンジです。長めのタイトルやサブタイトルなどを含めて文字数が多い時に便利で、手軽に使えてカッチリとまとまります

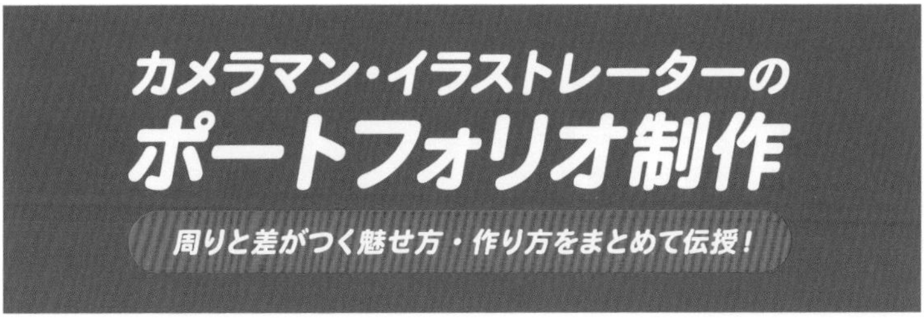

おさまりが良くなりレイアウトしやすい！

font 平成丸ゴシック Std

吹き出しコメント

吹き出しコメントをつけて表現するアレンジです。様々な吹き出しがあり、文字数に合わせて臨機応変に対応できます

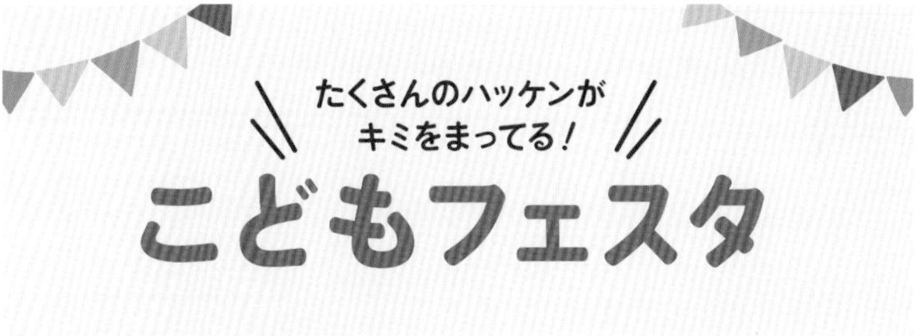

まとまりが出て、親近感もアップ！

font VDL V7丸ゴシック

\アレンジ/ **吹き出しのパターン例**

吹き出しは使い勝手が良く、パターンもいろいろ。文字数やイメージに合わせて選ぼう

オーソドックス

サブタイトル風

手書き風

独創性アップ

「もっと個性的なルックスでオリジナリティを出したい！」というときに、オススメのアレンジがこちらです。とても印象的でインパクトのあるタイトルを作れます。

個性派書体を使う

個性的な書体のクセを思い切って活かせば、ベタ打ちのままでも目を引くタイトルになります。アレンジを加えると、さらにオリジナリティがアップします！

font 黒薔薇シンデレラ

文字の一部をモチーフで置き換える

関連性のあるモチーフで文字の一部を置き換えるアレンジです。置き換えがむずかしければ、添えるだけでもOKです

font Mighty Slab

＼アレンジ／ **モチーフを使ったタイトルアイディア**

モチーフを使ってアレンジすると、タイトルの内容が伝わりやすくなる効果も。

モチーフを添える

一文字をモチーフで置き換える

モチーフで囲む

文字加工でイメージチェンジ

文字自体に加工を加えると、ベタ打ち文字からガラッとイメージを変えられます。文字加工は、初心者でも取り入れやすいものから中級者向けのものまで多数ありますが、ここでは手軽に取り入れられて効果的なアレンジをいくつかご紹介します。

ランダムに動かす

1文字ずつ上下左右に動かしたり回転させるアレンジです。ベタ打ち文字の単調さがなくなって、タイトルらしいまとまりが生まれます

動きが出て、楽しげなイメージと相性◎

font けいふぉんと

版ずれ文字

テキストの線と塗りをわざとズラすだけの抜け感があるアレンジです。タイトルや見出し・アクセントにピッタリです

手軽にできてキャッチーな印象に!

font Gill Sans

＼アレンジ／ いろいろな文字加工

文字加工は表現の幅が広がるため、いろいろなアレンジを積極的に取り入れてみよう!

一部に色

立体

一部に切り込み

column デザインをたくさん見よう

「良いアイディアが浮かばない…」
「試行錯誤の末、ついに手が止まった…」
「納期に追われ、考える時間すらまともにとれない…」

デザインをしていて、こんな経験ありませんか？　私がまだ新米デザイナーの頃、こんなことが日常茶飯事でした。1案出すのに何時間もかかり、非効率なデザイン作業で仕事も頭もショート寸前…。

そんな悪循環に光が差したのは、あることを習慣化したときでした。それは、デザインをたくさん見ることです。

たとえば通勤時に周りを見渡すと、看板やポスター、雑誌やデジタルサイネージ、ウェブ広告や商品パッケージなど、多くのデザインが見つかります。「こうするとインパクトが出るのか」「この文字組みは伝わりにくいな」と身の回りのデザインは驚くほどヒントに溢れています。見つけたデザインの良いところや悪いところを「なぜなのか?」と深掘りすることで、レイアウトや配色のコツ・表現の方法など、自分に足りないスキルや発想が自然に蓄積されていきます。

そして最も大切なことは、そこから得られたヒントを活用して実際に架空の広告をデザインしてみることです。学習は復習することで知識が定着するように、デザインは実践することで定着します。他人のデザインは忘れやすいですが、自分が作ったデザインは忘れませんよね。眺めるだけではなく実践して気付くこともたくさんあります。

デザインの作業効率を上げたりクオリティアップする秘訣は、とにかくデザインをたくさん見て考えて、ひたすら実践すること、これに尽きます。とはいえ、駆け出しの頃は覚えることも多く、思うように時間が取れないものです。通勤時間やランチタイムなどスキマ時間をうまく活用し、たくさんのデザインに触れてみると世界が変わるかもしれません。

Part 4

イメージ通りに仕上げる色と配色のコツ

section 01

色の特徴とイメージを掴む

デザインをする上で色選びは欠かせませんが、どの色を使うべきか迷ってしまうことはありませんか？　色選びはセンスの良し悪しだと思われがちですが、実は論理的に決められます。
まずは色が与える効果と、色や配色によって連想するイメージを知ると、色を選ぶときに迷いが減ります。

色が与える効果

赤を見ると「熱そう」と感じたり、興奮しているときに青を見ると落ち着いたり、色には寒暖感や感覚をコントロールする効果があります。
色を選ぶときは、このような色の効果をヒントにしながら、どの色を使うべきかを考えていきます。

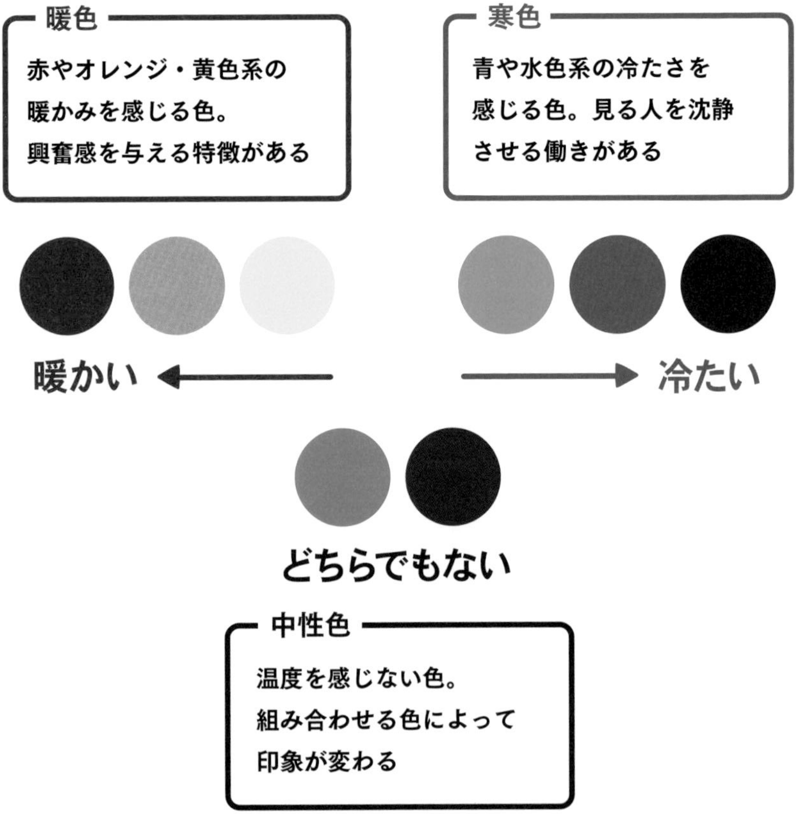

暖色
赤やオレンジ・黄色系の暖かみを感じる色。興奮感を与える特徴がある
寒色
青や水色系の冷たさを感じる色。見る人を沈静させる働きがある
暖かい
冷たい
どちらでもない
中性色
温度を感じない色。組み合わせる色によって印象が変わる

色の連想イメージ

ピンクに「春」や「可愛らしさ」を感じるように、色にはそれぞれ連想するイメージがあります。イメージには個人差がありますが、代表的なイメージを知っておくと、闇雲に色を選ぶことなく、目的に合わせて色を選べるようになります。

	具体的なイメージ			抽象的なイメージ		
赤 Red	火 トマト 唐辛子	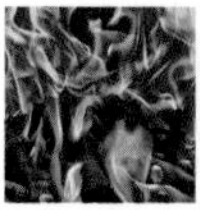		情熱・怒り アクティブ 危険		
橙 Orange	みかん 夕焼け 紅葉			活気・元気 暖かさ 楽しさ		
黄 Yellow	バナナ ひよこ ひまわり			明るさ 希望 注意		
緑 Green	カエル 葉っぱ 野菜			エコロジー 健康 安心感		
青 Blue	水 空 海			信頼 冷たさ 真面目		
紫 Purple	ぶどう ラベンダー 宝石		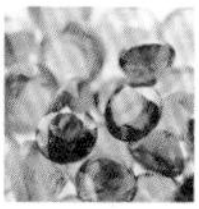	神秘 エキゾチック エレガント		
桃 Pink	桜 ハート 桃			ロマンチック 可愛らしさ 愛情	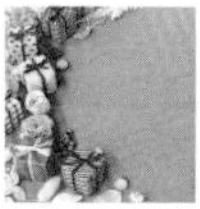	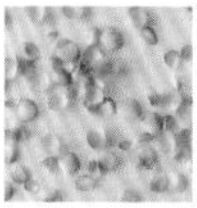

	具体的なイメージ		抽象的なイメージ	
茶 Brown	土 チョコレート 木	 	伝統 温もり 素朴	 
黄緑 Yellow Green	新緑 キウイ メロン	 	爽やかさ 若さ 癒し	 
白 White	雪 ミルク うさぎ	 	清潔 純粋 透明感	 
灰 Gray	都会 雲 コンクリート	 	無機質 上品 洗練	 
黒 Black	夜 墨 カラス	 	高級 フォーマル 闇、無	 
銀 Silver	銀 機械 硬貨	 	シャープ 先進性 高品質	 
金 Gold	金貨 ジュエリー 貨幣	 	プレミアム 豪華 豊かさ	 

\Point/ 連想イメージの個人差

1. 同じ色を見ても、年齢や経験・性別・文化などによって感じ方に差がある
2. 子供は具体的なイメージを連想する傾向がある
3. 成長するにつれ抽象的なイメージを連想する

● 目的・テーマと色イメージを合わせよう

制作の目的やテーマと色のイメージがズレていると、意図が伝わらず効果の薄いデザインになってしまいます。下の例の場合、商品の魅力を伝えるためには寒色ではなく暖色が最適です。色を選ぶときは、色の効果やイメージを意識し、目的やテーマに合った色を選びましょう。

× before

なんだか冷たい印象に…

○ after

温かさが伝わる！

色の組み合わせイメージ

色はいくつかを組み合わせると、単色とは違うイメージを連想させたりテーマをより強調できます。単色のイメージに加え、色の組み合わせによるイメージも把握しておくと、効果的で伝わりやすい色使いができます。参考までによく使う組み合わせイメージをご紹介します。

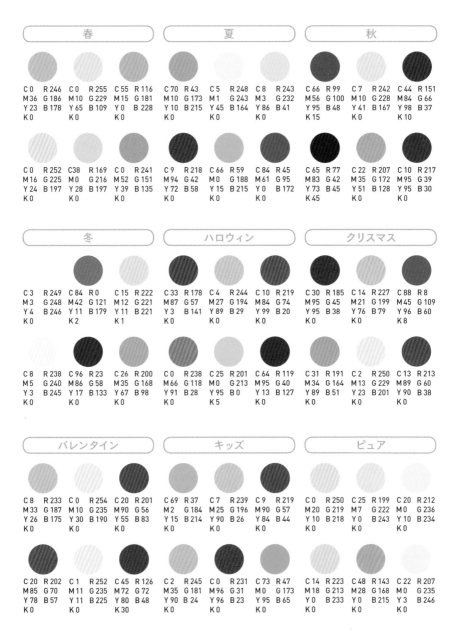

春

C 0	M 36	Y 23	K 0	R 246	G 186	B 178
C 0	M 10	Y 65	K 0	R 255	G 229	B 109
C 55	M 15	Y 0	K 0	R 116	G 181	B 228
C 0	M 16	Y 24	K 0	R 252	G 225	B 197
C 38	M 0	Y 28	K 0	R 169	G 216	B 197
C 0	M 52	Y 39	K 0	R 241	G 151	B 135

夏

C 70	M 10	Y 10	K 0	R 43	G 173	B 215
C 5	M 1	Y 45	K 0	R 248	G 243	B 164
C 8	M 3	Y 86	K 0	R 243	G 232	B 41
C 9	M 94	Y 72	K 0	R 218	G 42	B 58
C 66	M 0	Y 15	K 0	R 59	G 188	B 215
C 84	M 61	Y 0	K 0	R 45	G 95	B 172

秋

C 66	M 56	Y 95	K 15	R 99	G 100	B 48
C 7	M 10	Y 41	K 0	R 242	G 228	B 167
C 44	M 84	Y 98	K 10	R 151	G 66	B 37
C 65	M 83	Y 73	K 45	R 77	G 42	B 45
C 22	M 35	Y 51	K 0	R 207	G 172	B 128
C 10	M 95	Y 95	K 0	R 217	G 39	B 30

冬

C 3	M 3	Y 4	K 0	R 249	G 248	B 246
C 84	M 42	Y 11	K 2	R 0	G 121	B 179
C 15	M 12	Y 11	K 1	R 222	G 221	B 221
C 8	M 5	Y 3	K 0	R 238	G 240	B 245
C 96	M 86	Y 17	K 0	R 23	G 58	B 133
C 26	M 35	Y 67	K 0	R 200	G 168	B 98

ハロウィン

C 33	M 87	Y 3	K 0	R 178	G 57	B 141
C 4	M 27	Y 89	K 0	R 244	G 194	B 29
C 10	M 84	Y 99	K 0	R 219	G 74	B 20
C 0	M 66	Y 91	K 0	R 238	G 118	B 28
C 25	M 0	Y 95	K 5	R 201	G 213	B 0
C 64	M 95	Y 13	K 0	R 119	G 40	B 127

クリスマス

C 30	M 95	Y 95	K 0	R 185	G 45	B 38
C 14	M 21	Y 76	K 0	R 227	G 199	B 79
C 88	M 45	Y 96	K 8	R 8	G 109	B 60
C 31	M 34	Y 89	K 0	R 191	G 164	B 51
C 2	M 13	Y 23	K 0	R 250	G 229	B 201
C 13	M 89	Y 90	K 0	R 213	G 60	B 38

バレンタイン

C 8	M 33	Y 26	K 0	R 233	G 187	B 175
C 0	M 10	Y 30	K 0	R 254	G 235	B 190
C 20	M 90	Y 55	K 0	R 201	G 56	B 83
C 20	M 85	Y 78	K 0	R 202	G 70	B 57
C 1	M 11	Y 11	K 0	R 252	G 235	B 225
C 45	M 72	Y 80	K 30	R 126	G 72	B 48

キッズ

C 69	M 2	Y 15	K 0	R 37	G 184	B 214
C 7	M 25	Y 90	K 0	R 239	G 196	B 26
C 9	M 90	Y 84	K 0	R 219	G 57	B 44
C 2	M 35	Y 90	K 0	R 245	G 181	B 24
C 0	M 96	Y 96	K 0	R 231	G 31	B 23
C 73	M 0	Y 95	K 0	R 47	G 173	B 65

ピュア

C 0	M 20	Y 10	K 0	R 250	G 219	B 218
C 25	M 7	Y 0	K 0	R 199	G 222	B 243
C 20	M 0	Y 10	K 0	R 212	G 236	B 234
C 14	M 18	Y 0	K 0	R 223	G 213	B 233
C 48	M 28	Y 0	K 0	R 143	G 168	B 215
C 22	M 0	Y 3	K 0	R 207	G 235	B 246

ボンヤリが具体的に伝わる

単色だけだとボンヤリとしか伝わらないイメージも、色を組み合わせることで具体的なイメージとして伝わります。特定のテーマや雰囲気などをより強調したいときに便利です。

before

C 0 R 237
M 65 G 122
Y 23 B 143
K 0

単色だと可愛らしさはあるが、春らしさはイマイチ…

after

C 28 R 199
M 5 G 213
Y 70 B 103
K 0

C 0 R 255
M 10 G 229
Y 70 B 95
K 0

C 50 R 131
M 0 G 204
Y 20 B 210
K 0

C 0 R 237
M 65 G 122
Y 23 B 143
K 0

春を連想させる配色で、春らしさアップ!

section
02 たった1色でキマる

「配色難しい！」と悩んだら、１色だけのシンプルデザインを試してみましょう。色選びが楽チンで、カラフルなデザインよりも色そのもののイメージを強く活かせます。たった１色でも、目を引く表現やスタイリッシュなデザインなど、いろいろ表現できます。

無彩色を合わせる

1色デザインのポイントは「これだ」と思う1色に絞って、白黒グレーの無彩色を合わせることです。余分な色がないため色そのものが引き立ち、シンプルでこなれ感のあるデザインができます。なにより配色の失敗が減るため、初心者にオススメの手法です。

\Point/ 無彩色と有彩色

色には「無彩色」と「有彩色」の２種類がある。色味の有無で覚えよう！

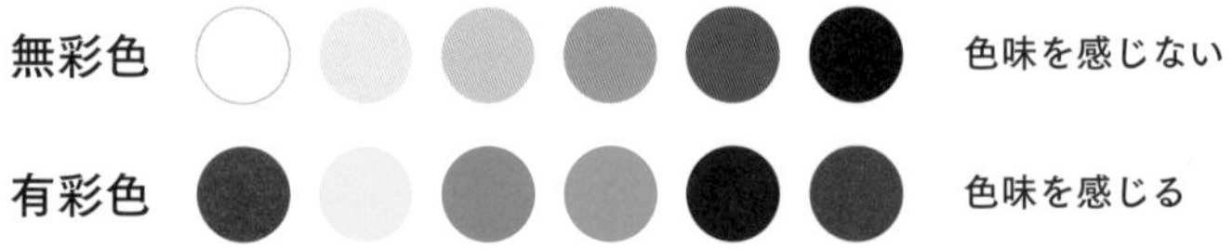

パターン展開しやすい

1色＋無彩色のデザインは、媒体や目的に応じてパターンが手軽に作れるのも便利です。色を反転させるだけでも、スッキリ見せたり目立たせたりできるので、印象を変えるのがとても簡単です。

色を反転

スッキリ見せ…

無彩色の割合を増やすとシンプルで落ち着いた印象になる

印象深さアップ！

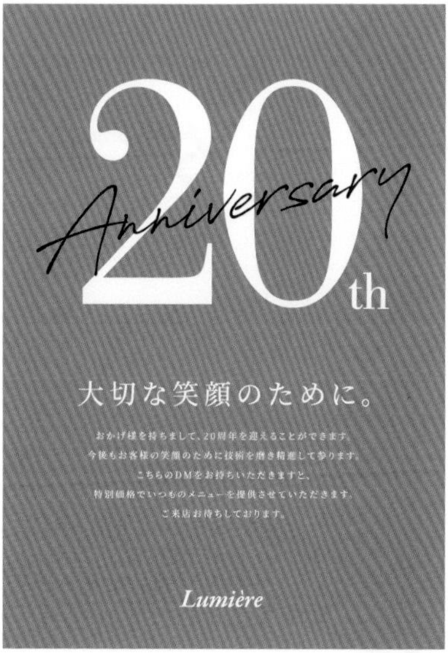

C 20 M 65 Y 18 K 0
R 204 G 114 B 150

有彩色の割合を増やすと色のイメージがダイレクトに伝わり、インパクトのある印象に

\Point/ 1色デザインの色選びのヒント

1. 与えたいイメージや色のもつ効果で選ぶ
2. ロゴカラーやテーマカラーがあるときは、それを活用しよう

背景に1色あしらう

「必要なものは全部レイアウトしたけど、なんか寂しいな」と感じたら背景に1色であしらいを添えると見栄えがアップします。下の例のように見出しに重ねたり、背景に散りばめるのも有効です。あしらいは、テーマに合ったイラストやシルエットなどがオススメです。

× before

印象がうすくてなんか地味…

○ after

シンプルだけど見栄えヨシ！

C 21 R 213
M 4 G 226
Y 32 B 189
K 0

モノクロ写真＋1色で超クール

写真を使って目を引くデザインを作りたいときは、モノクロ写真に1色加えるとクールな雰囲気になります。色と写真がそれぞれ引き立て合い、印象的なビジュアルが完成します。

C 17 M 0 Y 86 K 0
R 225 G 228 B 50

モノクロ写真とワンカラーは相性◎

\アレンジ/ 使いやすい！モノクロ写真＋1色のパターン

写真の一部だけ色

色背景

パターン散りばめ

明度・彩度調整で自然に

使う色を1色に絞ると、文字が読みにくくなったり「ちょっとここだけ色を変えたい…」という問題が出てくることも。そんなときは色の明度や彩度を少し調整すると、自然な仕上がりになります。

\Point/ **明度と彩度**

1. 明度は高くなると白に近づき、低くなると黒に近づく
2. 彩度は高くなると鮮やかになり、低くなると無彩色に近づく

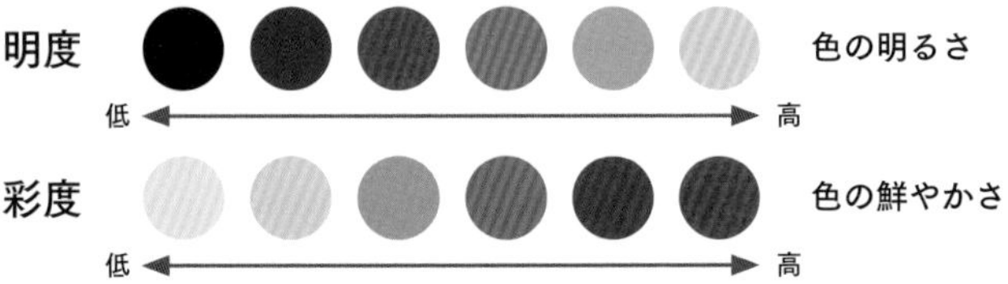

1色だけでこんなに垢抜け！

ほんの少しだけアクセントとして1色を使うことで、色の印象が残りやすい

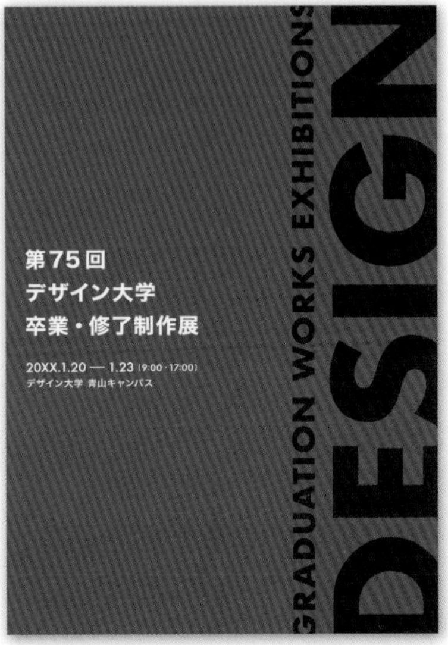

シンプルなレイアウトでも、1色を大胆に使うと一気に垢抜ける

モノクロ写真にシンプルな図形や線などの1色オブジェクトを加えるだけで印象的なビジュアルに

section

03 2色あれば無敵

「1色だと限界がある…」「でもなるべく色数は控えたい…」というときに便利なのが、2色のデザインです。色選びがニガテな方でも、2色選ぶだけなのでハードルは低めです。
なにより1色よりも表現のバリエーションが増えて作りやすくなります。

色相環で2色を選ぶ

2色デザインは色の組み合わせがキモです。相性のいい2色を選ぶには、色相環を使うのがオススメです。色相環なら、調和しやすい色の組み合わせが簡単に選べます。

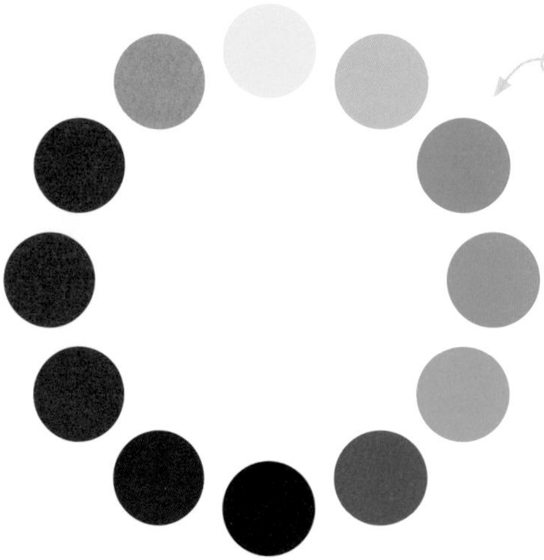

赤やオレンジ、緑や青のような色味の違いのことを「色相」という。

色相環

色が近い順に円形に並べたもの。本書では、24色よりも簡単で使いやすい12色のPCCS※色相環を使い解説します。

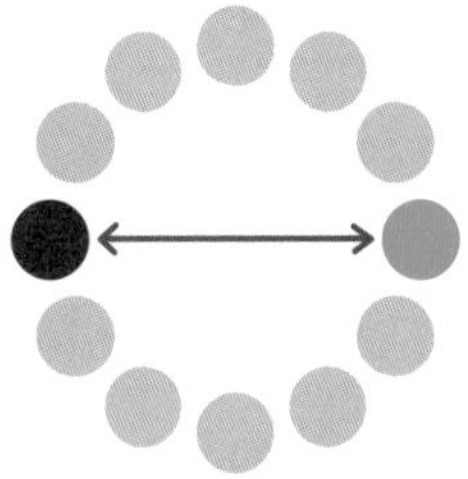

補色

12色の色相環で正反対にある色。差がハッキリしていてインパクト大

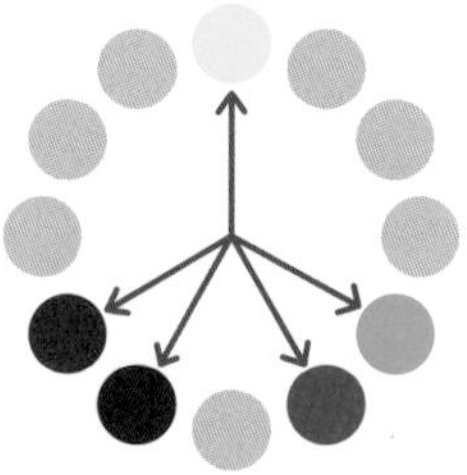

対照色

補色の隣、またはその隣の色。色の差は大きいが、補色より調和しやすく多彩な表現が可能

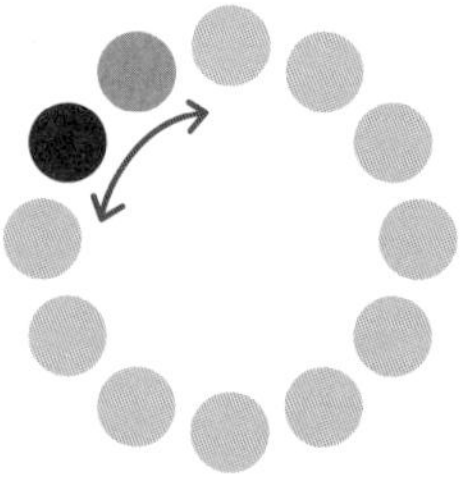

類似色

12色の色相環で隣あう色。色の差が少なくまとまりやすいため、初心者でも使いやすい

※ Practical Color -Co-ordinate System：日本色研配色体系

補色でインパクト大！

コントラストが大きい補色の組み合わせは、２色が強調しあってインパクトの強い配色に。目を引きたいときや一目で印象に残したいときには、補色の組み合わせを試してみましょう。

before

イマイチ印象に
残らない…

C80 M47 Y0 K0 R43 G117 B188
C94 M70 Y30 K0 R0 G82 B131

after

補色を使って
注目度アップ！

C7 M6 Y86 K0 R245 G228 B41
C94 M70 Y30 K0 R0 G82 B131

対照色でメリハリを出す！

対照色の組み合わせはしっかりと色味の差を感じられ、補色よりもなじみやすく使いやすいのが特徴です。適度なメリハリが欲しいときや変化が欲しいとき、伝えたいポイントがあるときなど、多彩な用途で使えます。

× before

C 45 R 156
M 90 G 48
Y 0 B 141
K 0

C 90 R 31
M 68 G 85
Y 38 B 124
K 0

もう少しメリハリが欲しい…

○ after

C 2 R 232
M 80 G 83
Y 98 B 12
K 0

C 90 R 31
M 68 G 85
Y 38 B 124
K 0

対照色でメリハリがつき、訴求ポイントに目がとまる！

類似色でまとまり感！

類似色の組み合わせは、初心者でも失敗しづらく、配色に悩んだときにオススメです。調和しやすい類似色なら、色味に軽めの変化をつけながら、簡単にまとまりのある配色ができます。

× before

配色がイメージと合わない…

C0 M87 Y86 K0 R232 G66 B38

C54 M22 Y5 K0 R124G172 B213

○ after

類似色でまとまりが生まれ、落ち着いたイメージに！

C93 M69 Y29 K0 R4 G84 B134

C54 M22 Y5 K0 R124 G172 B213

\Point/ 写真の構成色を考慮しよう

写真を背景に使ってレイアウトするときは、写真の構成色も考慮して合わせる色を決めるのが色選びのコツ

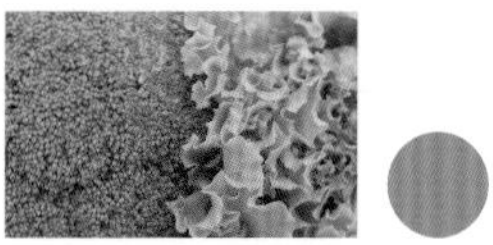

section

04 3色使いのまとまりレシピ

デザインは色数が増えれば増えるほど、バランスをとるのが難しくなります。「なんか素人っぽい…」「色がまとまらない…」と悩んだら、それは色の使いすぎかも。ここでは3色に絞ったデザインのコツと上手な色の選び方をご紹介します。

色数はMAX 3色まで

身の周りには3色以下で作られたデザインがたくさんあります。慣れないうちはつい色をたくさん使ってしまいがちですが、1つのデザインに色数は最大でも3色までにしましょう。1色や2色でもいろいろなデザインが作れたように、色を絞ってデザインすることが配色をまとめるコツです。

before

色が多くてまとまらない…

C 9 M 55 Y 92 K 0 / R 227 G 138 B 29

C 90 M 73 Y 61 K 30 / R 29 G 61 B 73

C 100 M 0 Y 50 K 0 / R 0 G 158 B 150

C 0 M 67 Y 55 K 0 / R 237 G 116 B 96

C 0 M 0 Y 100 K 0 / R 255 G 241 B 0

C 13 M 6 Y 9 K 0 / R 228 G 233 B 232

C 68 M 13 Y 5 K 0 / R 59 G 172 B 220

after

色を絞るといい感じ!

C 90 M 73 Y 61 K 30 / R 29 G 61 B 73

C 0 M 67 Y 55 K 0 / R 237 G 116 B 96

C 13 M 6 Y 9 K 0 / R 228 G 233 B 232

まとまりやすい色の配分

素人っぽい色使いにならないコツは、色の配分に気をつけること。一般的にまとまりやすい配分は「70：25：5」や「7：2：1」とされ、絶対的なルールではありませんが、目安として覚えておくと良いでしょう。まずはこのバランスを基本に、徐々に慣れていくのがオススメです。

まとまりやすい！70：25：5の配分法則

メインカラー 25%
ブランドカラーなど主役になる色。

ベースカラー 70%
一番大きな割合を占め、下地のような存在。背景に用いることが多い。

アクセントカラー 5%
単調にならないようメリハリをつけたりアイキャッチになる色。

この割合で配色すると

C 4 R 247
M 5 G 243
Y 10 B 233
K 0

C 72 R 32
M 9 G 172
Y 22 B 196
K 0

C 0 R 235
M 76 G 95
Y 62 B 80
K 0

制作MEMO

色の配分はアバウトさも大切

色の配分は厳密にキッチリ行わず、おおよその配分でOK。デザインにおいて、厳密な計算のもとで表現される絶対的なバランスは素晴らしいが、「これくらいがちょうどいいな」と感じる感覚的なバランスも養うと上達が早まる。

メインカラーから決める

3色の選び方はたくさんありますが、スムーズな色決めに便利な「**最初にメインカラーを決める方法**」をご紹介します。この方法はオーソドックスで幅広く使え、特にプレゼン資料や一般的なウェブサイトなど、多くの情報をしっかりと相手に伝えることが主目的の場合、メインカラーから決めると楽チンです。

3色の選び方

STEP：1 メインカラーを選ぶ

まずメインカラーを選ぶ。テーマに合った色を選ぶのが基本で、そのほかに企業カラーを利用したり、ロゴカラーから選ぶこともある

STEP：2 ベースカラーを選ぶ

次にベースカラーはメインカラーを引き立たせる色を選ぶ。明度の高い色を選ぶと背景として扱いやすくまとめやすい

STEP：3 アクセントカラーを選ぶ

最後のアクセントカラーは、メインカラーの補色や対照色を選ぶとメリハリが出る。類似色を選ぶと安定感のあるイメージに早変わり

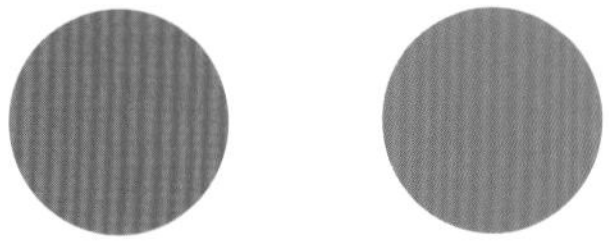

STEP：4 目的に合った組み合わせを選ぶ

できあがった組み合わせから、意図や目的に合ったものを選ぶ。実際のデザインに配色し、いくつかを比較検討するのも効果的

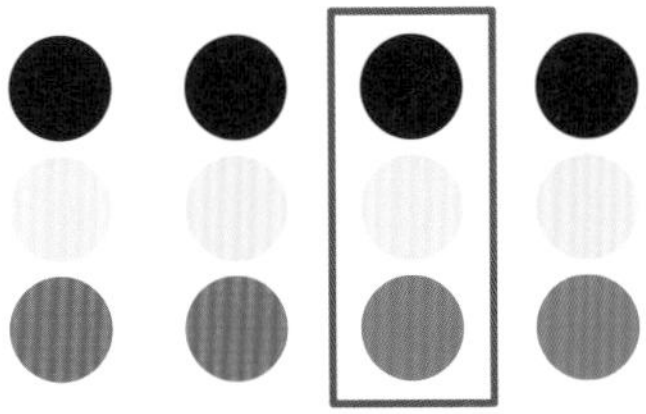

イメージチェンジはアクセントカラーで

STEP:3 で選ぶアクセントカラーによって、メインカラーとベースカラーが同じでもイメージがガラッと変わります。メインカラーとベースカラーを変えて、いろいろなパターンを試すのは手間がかかるため、イメージチェンジを試すなら、アクセントカラーを変えるのが手軽でオススメです。

アクセントカラーに補色・対照色

メリハリが出る！

色の配分 

アクセントカラーに類似色

調和のとれた仕上がりに！

色の配分 

シンプルで伝わりやすい「ベースカラー多め」

ベースカラーを多めにして要点のみに他の色を使うようにすると、見る人にとって迷いのないシンプルで伝わりやすいデザインが作れます。下の例のようなブランドツールにはもちろん、セールバナーや街頭ポスターなど一目で内容を訴求したいときにも有効。配分に迷ったときにも便利です。

制作MEMO

色で迷ったら一度リセット

配色はプロでも頭を悩ますもの。イメージ通りの配色ができなかったり、制作途中で迷子になってしまったら一度深呼吸して原点に立ち返ろう。デザインの目的を再確認して最適な色を選んだら、まずはこのページで紹介した方法で、ベースカラーを多めにして仮組みするのがオススメ。迷ったときは、気持ちも色もデザインも一度リセットしてからシンプルに考えてみよう。

グッとくるメインカラーの配分

主役の色をもっと印象づけたいときや、広告を目立たせたいときは、あえてメインカラーを多めに配分するのも有効です。以下の例で印象の違いを見比べてみましょう。情報量にもよりますが、メインカラーを70%程度に配分するとまとまりやすく、色のイメージをしっかり訴求できます。

オーソドックスに「7:2:1」の割合で配分

数量限定
チーズにまみれろ
チーズ
まみれバーガー
¥650
かつてないチーズ体験、詳しくはこちら!

色の配分

バランス良いまとまり!

メインカラーを多めに配分

数量限定
チーズにまみれろ
チーズ
まみれバーガー
¥650
かつてないチーズ体験、詳しくはこちら!

色の配分

メインカラーの印象大!

section 05

もう迷わない！ 色相環で選ぶ3色配色

他にも３色の配色方法はたくさんあります。センスに頼らず色選びをするには、色相環が便利です。色相環を使えば３色使いのまとまりやすい配色パターンをパパッと導き出せます。

使いやすい３つの型

３色を選ぶときに迷ったら、まず以下の３つの型を使ってみてください。どれもまとまりやすく失敗しにくいため、多くのシーンで活用できます。慣れてきたら、色味や彩度を微調整すると、さらにプロっぽくなります。

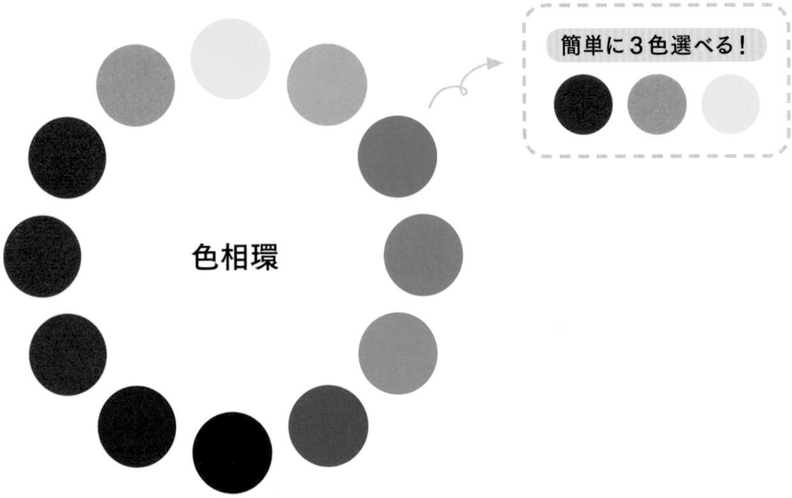

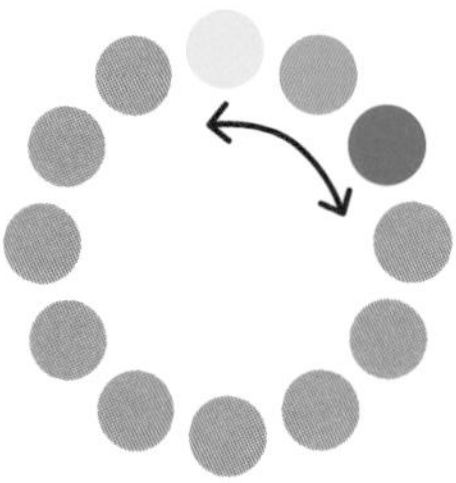

統一感型

1色とその隣あう2色を使う配色。テーマカラーを強調したいときに便利

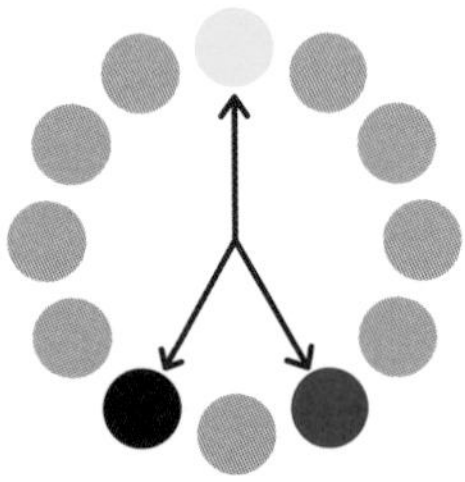

調和&メリハリ型

似ている色2色と反対の色1色で構成する配色。メリハリがついて使いやすい

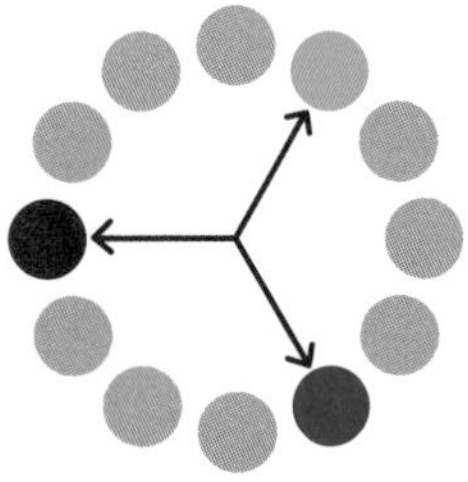

バランス型

共通性のない3色を使う配色。色味の差が均等な3色を選ぶため、バランスよくまとまる

統一感型

１色を起点に両隣の類似色を使うと、統一感のある配色に。テーマカラーを印象に残したいときにとても便利です。隣り合った２色は共通性があり、左右の類似色同士は共通性の中にわずかな違いが感じとれ、初心者でも使いやすい配色です。

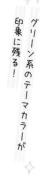

グリーン系のテーマカラーが印象に残る！

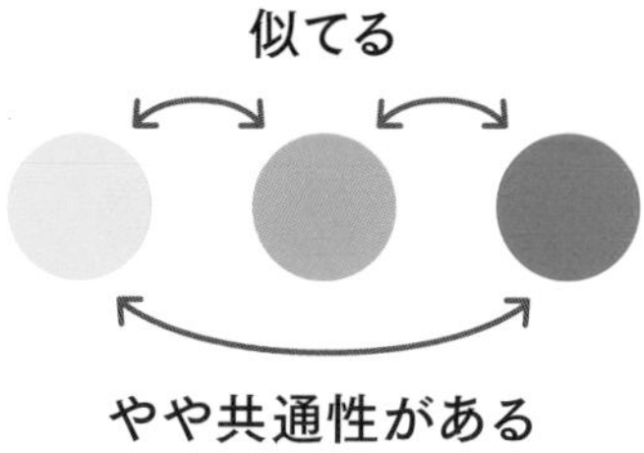

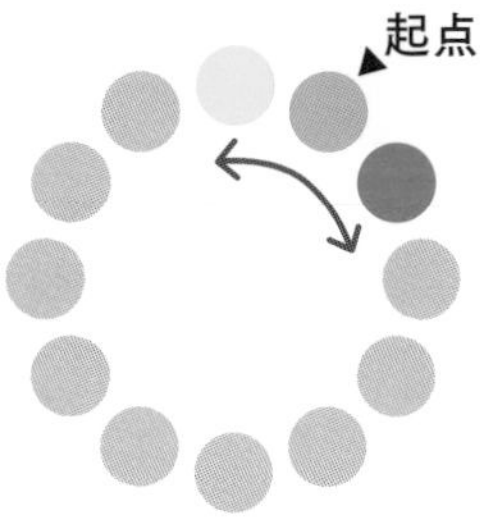

制作MEMO

アナロガス配色

この統一感型の配色を「アナロガス」という。アナロガスは「類似」という意味で、色相環の隣り合った３色で作る配色。色同士が調和しやすく、選んだ色のイメージを強く印象づけたいときに便利。

調和＆メリハリ型

１色を起点に、その補色の両隣２色を使うと、まとまりとメリハリが両立できる配色に。ほぼ正反対の位置になる色は、アクセントカラーとしてワンポイントで使うのがオススメです。

HAPPY
Rain
GOODS
ゴキゲンでウキウキする雨の日を！

どんなシーンでも使いやすい王道配色！

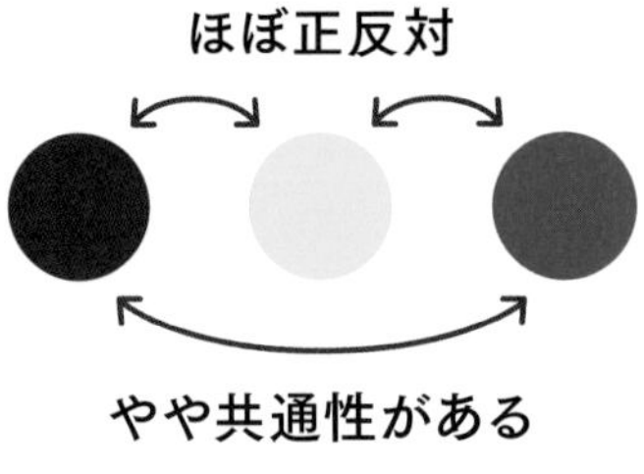

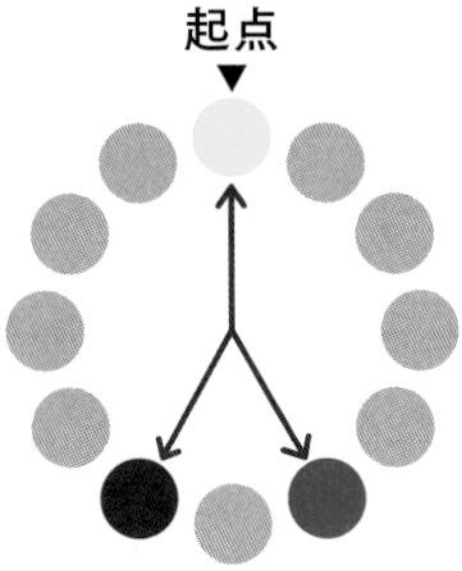

制作MEMO

スプリットコンプリメンタリー配色

この調和＆メリハリ型の配色を「スプリットコンプリメンタリー」という。スプリットは「分裂」、コンプリメンタリーは「補色」という意味で、補色の両隣を使った３色配色。共通性のある２色が全体を調和させるため、まとめやすい便利な配色。

バランス型

色相環を３等分して正三角形の位置にくる３色を使うと、安定感のある配色に。類似配色のように偏った印象にしたくないときや、いろいろな色をバランスよく主張させたいときに便利です。

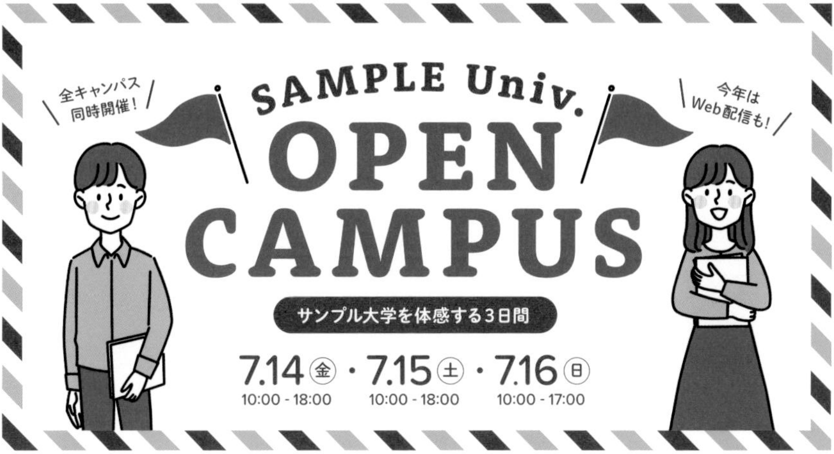

３色の絶妙なコントラストが印象深い！

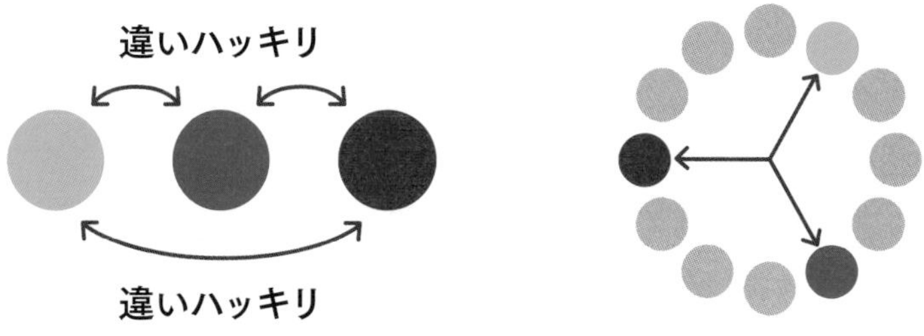

制作MEMO

トライアド配色

このバランス型の配色を「トライアド」という。それぞれが対照色のため、賑やかで目を引く３色配色。ポップなイメージ作りやアイキャッチの配色に悩んだらトライアドを使ってみよう。

section
06 トーンで魅せる配色イメージ

たとえば鮮やかな赤と濁った赤では、同じ赤でも印象はガラッと変わりますよね。このように明度と彩度を変えた色の調子のことを「トーン」と呼びます。ここでは、トーンを使ってイメージ通りの配色をするコツをご紹介します。

トーンは全部で12種類

代表的なトーンは全部で12種類、優しめなトーンや暗めのトーンなど印象は様々です。トーンを使った配色は、基本的に同じトーンか似ているトーンの中から色を選んで配色します。こうすることで調和しやすく統一感のある配色ができます。

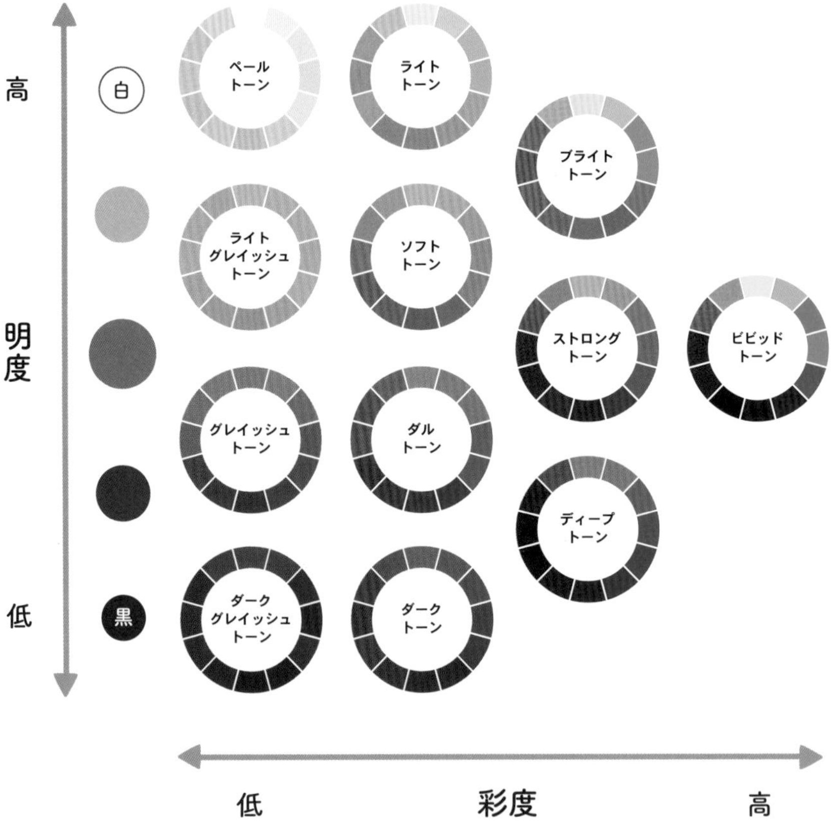

● 4つのグループから選べばOK

とはいえ「12種類もあると使いこなせない！」という方も多いはず。慣れないうちは、トーンは大きく4つのグループに分けて、作りたいイメージに近いグループを選ぶと、イメージ通りの配色がしやすくなります。

やさしく可愛い

① やわらかトーン

トーンのイメージ

透明感・優しさ・穏やか・柔らか・かわいい・若々しい・初々しい・明るい・新鮮・爽やか・繊細さ・優雅さ

明るくハッキリ

② あざやかトーン

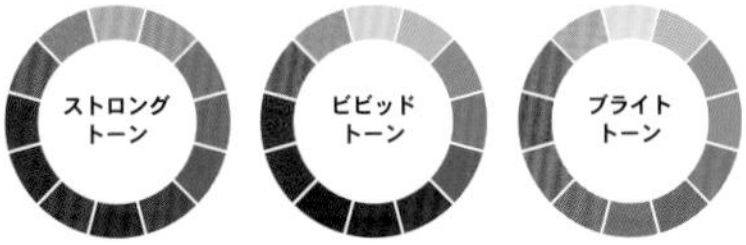

トーンのイメージ

エネルギッシュ・アクティブ・ポジティブ・派手・ポップ・情熱的・パワフル・陽気・鮮やか・明るい・にぎやか・楽しい

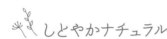

しとやかナチュラル

③ 自然派トーン

トーンのイメージ

自然・ナチュラル・渋い・鈍い・くすんだ・アース・ナチュラル・上品・穏やか・しとやか・優しさ

シックで大人っぽい

④ 落ち着きトーン

トーンのイメージ

高級感・クラシック・落ち着き・伝統的・深み・重厚感・知性・シック・クール・堅実さ・格式の高さ・大人っぽさ

制作MEMO

● トーンは印象のグループ

私たちは普段の生活の中で「シックな色の内装」「派手な色のドレス」というように、色の印象を言葉にして表現している。トーンとは、この印象が似ている明度・彩度の色をまとめたグループと考えるとわかりやすい。

やわらかトーン

トーンの中では穏やかでソフトな色味のグループです。初々しさや明るさを感じられ、やさしい表現や可愛らしい表現に向いています。また透明感を表現したり、繊細な表現とも好相性です。

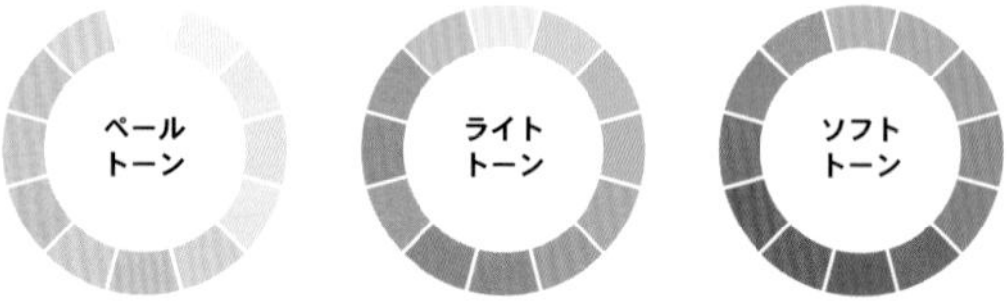

配色列

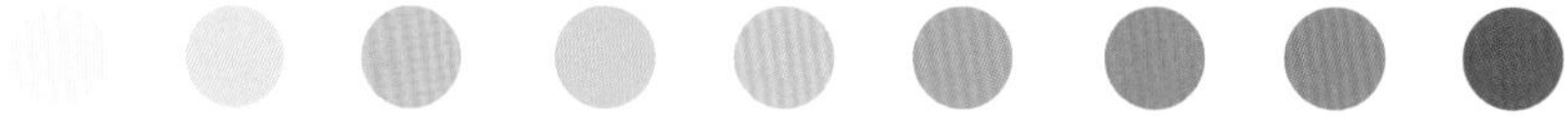

C 0 M 2 Y 35 K 0	C 30 M 0 Y 5 K 0	C 0 M 30 Y 10 K 0	C 30 M 0 Y 60 K 0	C 20 M 20 Y 0 K 0	C 60 M 10 Y 5 K 0	C 0 M 55 Y 30 K 0	C 70 M 15 Y 40 K 0	C 65 M 55 Y 15 K 0
R 255 G 248 B 187	R 187 G 226 B 241	R 247 G 200 B 206	R 193 G 219 B 129	R 210 G 204 B 230	R 95 G 183 B 225	R 240 G 145 B 146	R 67 G 165 B 160	R 107 G 114 B 164

向いているデザイン

・コスメ系のデザイン
・ベビー系のデザイン
・ガーリー系のデザイン

活用シーン

・可愛らしいイメージ作りに
・透明感を出したいとき
・やさしい表現に

ワンポイントアドバイス

白やうすいグレーなどの無彩色を合わせると、まとまりやすくトーンが活きる

あざやかトーン

鮮やかで発色のよい色味のグループです。ポップで楽しいイメージやエネルギッシュでポジティブな表現に向いています。また、目を引きたいときにも効果的。アクセントカラーとして一部だけ強調する際にも活躍します。

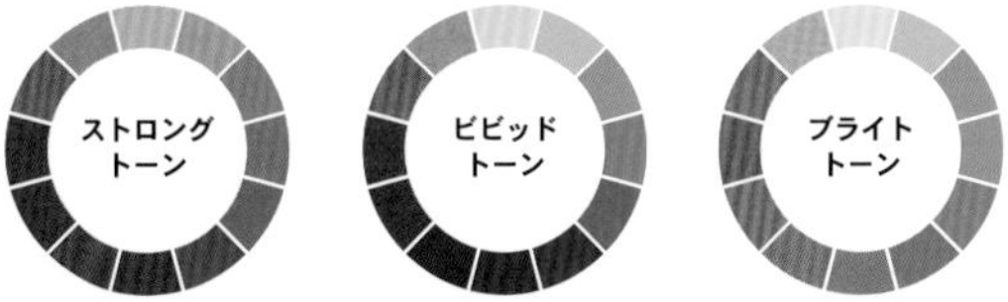

配色列

C 0 R 214	C 50 R 138	C 100 R 0	C 100 R 0	C 0 R 255	C 0 R 230	C 0 R 255	C 80 R 24	C 80 R 0
M 100 G 0	M 100 G 1	M 0 G 149	M 50 G 104	M 0 G 241	M 100 G 0	M 0 G 243	M 40 G 127	M 0 G 175
Y 0 B 119	Y 0 B 123	Y 50 B 141	Y 0 B 183	Y 100 B 0	Y 100 B 18	Y 80 B 63	Y 0 B 196	Y 0 B 236
K 10	K 10	K 10	K 0	K 0	K 0	K 0	K 0	K 0

向いているデザイン

- キッズ系のデザイン
- ポップなデザイン
- セールなどの広告

活用シーン

- 注目させたいとき
- アクセントカラーとして
- 賑やかなイメージ作りに

ワンポイントアドバイス

類似色でまとめるより、補色や対照色を組み合わせるのが鮮やかさを際立たせるコツ

自然派トーン

くすみがあり、色の刺激が少ない色味グループです。アースカラーとしてファッションでもよく使われ、自然を彷彿とさせるナチュラルな色合いが特徴です。渋く見えますが、落ち着いた色味で品良くまとまります。オーガニック系などのサービスや商品と好相性です。

配色列

C 15 M 40 Y 35 K 0	C 20 M 50 Y 30 K 0	C 50 M 40 Y 25 K 0	C 30 M 30 Y 40 K 30	C 80 M 50 Y 80 K 15	C 10 M 20 Y 30 K 10	C 35 M 90 Y 40 K 0	C 85 M 85 Y 45 K 10	C 40 M 40 Y 100 K 0
R 219 G 168 B 153	R 207 G 146 B 151	R 143 G 147 B 167	R 150 G 139 B 121	R 56 G 102 B 72	R 218 G 196 B 170	R 176 G 55 B 102	R 63 G 58 B 98	R 171 G 149 B 29

向いているデザイン

- オーガニック系のデザイン
- カフェ風のデザイン
- リラクゼーション系のデザイン

活用シーン

- ナチュラルな雰囲気作りに
- 自然派が売りの商品に
- レトロなイメージ作りに

ワンポイントアドバイス

類似色でまとめると地味になりやすいためポイントで他の色も組み合わせると◎

落ち着きトーン

重厚感があり、暗めで深みがある色味のグループです。一見すると使いにくそうですが、格式の高さや高級感をウリにしたいときや、シックで大人っぽい雰囲気を作りたいときなどに便利です。

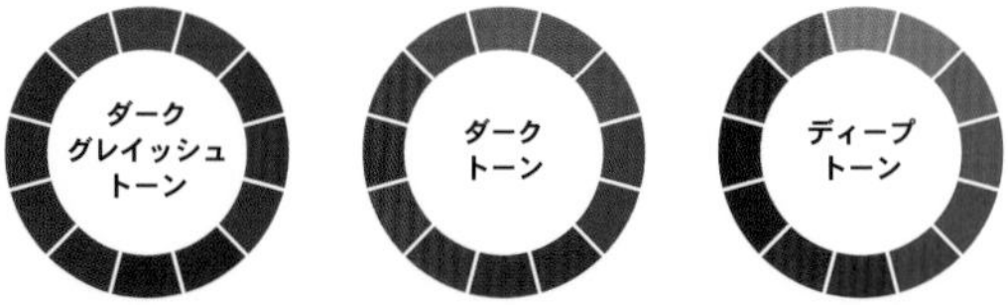

配色列

C 55 R 133	C 90 R 35	C 55 R 83	C 20 R 180	C 90 R 11	C 60 R 100	C 25 R 193	C 50 R 139	C 100 R 26
M 50 G 121	M 70 G 83	M 55 G 72	M 60 G 107	M 65 G 54	M 65 G 77	M 95 G 44	M 100 G 30	M 100 G 39
Y 100 B 42	Y 40 B 120	Y 45 B 77	Y 100 B 7	Y 95 B 32	Y 100 B 32	Y 100 B 31	Y 70 B 62	Y 60 B 75
K 5	K 0	K 50	K 20	K 50	K 30	K 0	K 10	K 15

向いているデザイン

- 高級感のあるデザイン
- 伝統的なデザイン
- フォーマルなデザイン

活用シーン

- 格式の高さを演出
- 大人っぽくエレガントな表現に
- レトロなイメージ作りに

ワンポイントアドバイス

文字が読みにくくならないように、文字の彩度と明度をやや上げて差をつけるのがコツ

section

07 これは避けよう！ 配色の落とし穴

配色には初心者がやりがちな、全てを台無しにする落とし穴があります。デザインの目的は正しく情報を伝えることですが、些細な配色ミスで初心者っぽく見えたり内容が伝わらなくなることもあります。ここでは、気をつけるべき配色の落とし穴を解説します。

視認性を意識

同じ色を使っても、色使いによっては文字が見えづらくなってしまい、ストレスを感じさせたり、内容が素早く伝わりません。文字がしっかり見えるかは常にチェックして調整を忘れずに。

× before

文字が見えにくくストレスを感じる…

○ after

文字がハッキリ見える！

C6 M2 Y53 K0 R247 G240 B145

C15 M35 Y45 K0 R220 G177 B139

C85 M15 Y85 K0 R0 G150 B85

コントラストで見やすさアップ

配色において視認性を良くするには、色のコントラストをハッキリさせるのが簡単です。
たとえば「薄い色には濃い色」「明るい色には暗い色」のように考えると、シンプルです。
例では文字を中心に解説していますが、図やイラストなど全て同様です。

コントラストを強める

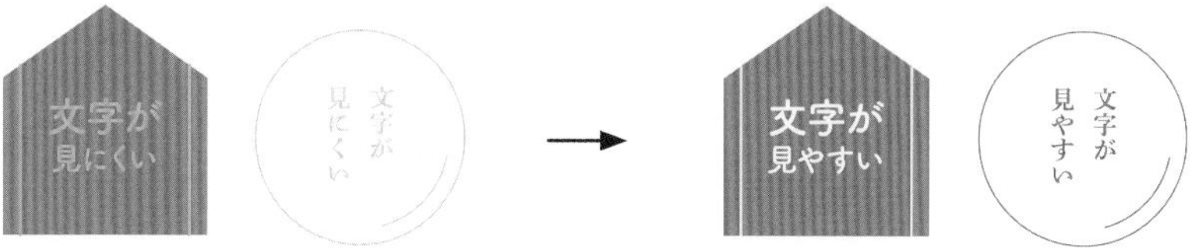

背景色とのコントラストをハッキリさせると視認性アップ、ストレスなく文字が見やすい

明度差をつける

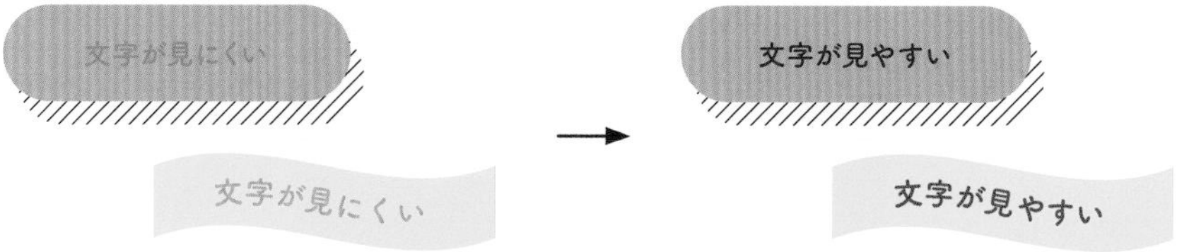

同じ色味を使う場合は、「明るい紫と暗い紫」のようにしっかりと明度に差をつけると視認性がよくなる

色味に差をつける

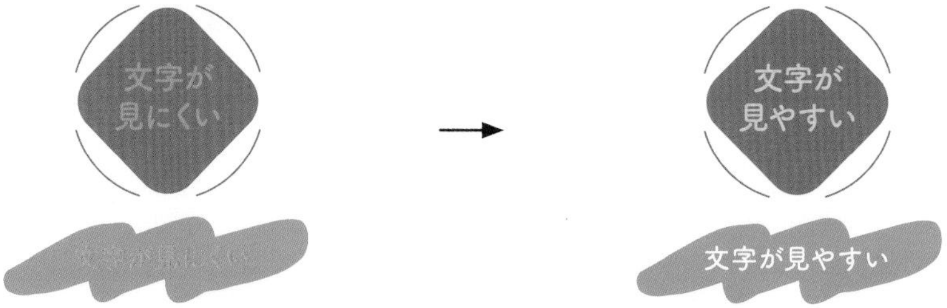

類似色をはじめ、色味が似ている色を組み合わせると、文字や細かい要素の視認性が悪くなる。色味にしっかりと差をつけるようにしよう

チカチカ配色に注意

彩度の高い鮮やかな色が接したとき、色の接点がギラギラ光って見えたりボヤけて見えたり、不快に感じる現象を「ハレーション」といいます。図は極端な例ですが、チカチカと不快感を感じたら一方の彩度を落としたり、調整するようにしましょう。

緑と赤の境界線がチカチカ…

色味を調整し、ストレス軽減！

\Point/ ハレーション対策

ハレーションが起こったときの対策法をいくつかご紹介。あえてハレーションを起こさせて目を引く手法もあるが、対策は覚えておくと良い

グラデーションは色数を絞る

どんなに美しいレイアウトでも、色数多めなグラデーションは安っぽく見える原因に。グラデーションはつい使ってみたくなりますが、必要なときだけ使うのがオススメ。色数は2～3色までに絞りましょう。

× before

色が多いとチープな印象に…

○ after

テーマに合わせて色を絞ると◎

\Point/ **使いやすいグラデーション**

グラデーションの色選びは色味の差が少ないほうが使いやすくオススメ。特に色味の差が大きい補色は濁って見えることがあるため要注意

色相で2～3つ離れた色　　色味の近い色　　明暗を変えた色

column 一人でも多くの人に見られる工夫を

どんなに良いデザインも見られなければ目的が果たせません。作成するデザインが掲載される場所を想像して、できるだけ見られる工夫をしてみましょう。たとえばバナー広告のように、掲載されるサイトのほとんどが白や薄いグレーを背景としている場合、バナーの境界線をくっきりさせたり、印象の強い色で塊感を強めたりして、サイトの他の要素とハッキリ区別できるようにすると目を引きます。

ほかにも、広告だらけの駅構内に配置されるポスターはコントラストを高めて目立たせたり、細かい説明よりもシンプルで明快なデザインのほうが目を引き、素早く内容を伝えられます。作成するデザインがどんな場所に掲載されるのかを想像して、一人でも多くの人に見られる工夫をしましょう。

Part 5

写真とイラストの力を最大限に活かすワザ

section
01 写真の力、イラストの力

写真やイラストには、文字だけでは伝わりにくい内容を**伝わりやすくする力**があります。また、写真やイラストを使うとデザインに面白みが生まれたり、アイキャッチとして注目を集めたり、様々な効果があります。

一目で伝わり、訴求力アップ

写真やイラストを入れると、一目で内容をイメージしやすくなり、訴求力もアップします。写真やイラストをうまく活用し、伝わりやすく効果的なデザインを作成しましょう。

× before

文字だけだとイメージが湧きづらい…

01
専門性のある プロに外注できる
専門知識やスキルを持ったプロに仕事を依頼できます。

02
コストを 抑えられる
必要な時だけ利用でき、人材育成のコストを節約できます。

03
業務の効率化が できる
社員は専門外のタスクから解放され、本業に集中できます。

○ after

内容がイメージしやすくなった！

01
専門性のある プロに外注できる

専門知識やスキルを持ったプロに仕事を依頼できます。

02
コストを 抑えられる

必要な時だけ利用でき、人材育成のコストを節約できます。

03
業務の効率化が できる

社員は専門外のタスクから解放され、本業に集中できます。

具体的でストレート、写真の力

サービスイメージや具体的な効果や内容など、抽象的ではなく内容そのものをリアルに見せたいときは写真の出番です。下の例のように、写真を使うことで商品の魅力がストレートに伝わり、信頼感や説得力がアップします。

✕ before

イラストでは商品の使用感や効果がイメージしにくい……

〇 after

商品の魅力が具体的に伝わる！

写真のメリット

- 内容が正確に伝わる
- 説得力が増す
- 現実味・信頼感がある

写真のデメリット

- 写真のクオリティに影響される
- 加工・合成には技術が必要
- レタッチが必要

キャッチーで変幻自在、イラストの力

イラストは写真よりも親近感が湧きやすく、キャッチーになるのが大きなポイント。タッチによって柔らかい雰囲気やオシャレな雰囲気など、印象をガラッと変えられます。また、イラストは写真では表せないイメージも作りやすく、表現の幅がとても豊かです。

before

after

イラストのメリット

- 親近感を感じやすい
- 補助的に使いやすい
- 表現の自由度が高い

イラストのデメリット

- チープになりやすい
- 子供っぽさを感じやすい
- 堅実性・信頼性にやや欠ける

目的で使い分け

写真とイラストのどちらでも表現できる場合、どちらを使うべきかは自分の好みや得意不得意で選ばず、P9で解説したように、目的で使い分けましょう。
下の例のように同じレイアウトで作っても、与える印象は違います。見た人にどうして欲しいのか、何を伝えるのかを意識することが大切です。

写真を使った場合

サービス利用イメージやシチュエーションをより鮮明にイメージできます

イラストを使った場合

キャッチーでフレンドリーな印象が好感を与え、気軽に利用しやすくなります

section

02 写真デザインの基礎知識

写真は伝えたいイメージをダイレクトに伝えられるため、とても便利です。しかし、見る人に伝わりやすいからこそ、写真そのものや使い方がイマイチだと素人っぽさが一層際立ってしまいます。ここでは写真をデザインに使うときに、まずは知っておきたい基礎知識を解説します。

基本の配置「角版」

写真を使ったデザインは、角版と裁ち落としを使い分けて配置するのが基本となります。
角版とは、写真を長方形や正方形などの四角形でページ内に収まるように配置することです。以下の作例のように、角版はデザイン制作で一般的に使用される最も基本的な写真レイアウトです。

整ったイメージ作りや、
スッキリした印象にしたいときは角版！

\Point/ 角版の特徴

1. 収まりが良く、整然としていて安定感が出る
2. 写真の周りにできる余白を活用すれば、品良くまとめたり、他の情報をレイアウトできる
3. オーソドックスなレイアウト以外にも、アレンジしやすい

端いっぱい配置「裁ち落とし」

裁ち落としとは、余白をなくしページの端いっぱいまで写真を配置することです。裁ち落としは角版と比べてダイナミックな印象の写真レイアウトで、ページに空間の広がりが生まれます。表現したいイメージや目的に合わせ、まずは角版と裁ち落としを使い分けて写真に慣れていきましょう。以下は3辺を裁ち落としにした例と、4辺全てを裁ち落としにした例です。

制作MEMO

裁ち落としは文字レイアウトしづらい

裁ち落としは写真素材によっては文字が読みづらくなるため、本章のsection03（P158 ～）で紹介する手法を参考に読みやすさに配慮しよう。

写真をより印象付けたいときに、
裁ち落としでインパクトを！

\Point/ 裁ち落としの特徴

1. 写真の持つ雰囲気や空気感がより伝わりやすい
2. 被写体を大きく見せたいときにも便利
3. 写真が大きいぶん、文字やその他の情報を入れづらくなる

写真が洗練されて見える構図

写真には美しく見える構図がいくつかあります。その中でもポピュラーでよく使われているものに「**3分割構図**」があります。3分割構図は、写真を縦横それぞれ3等分し、線上もしくは線の交差する点に被写体や重要な要素を配置すると、バランスのよい安定した構図になります。例をいくつか見てみましょう。

「3分割構図」の例

親子がそれぞれ交点と3分割線上に配置され、動きと安定感のある構図。

花嫁が縦の3分割線上に、ドレスが横の3分割線上に配置され、主役が映える構図。

主役の子供が交点と3分割線上に配置され、余白が効いた叙情的な構図。

主役の料理と脇役のロウソクが線の交点上に配置され、バランスのとれた構図。

制作MEMO

被写体ど真ん中「日の丸構図」

日の丸構図はポピュラーな構図の1つで、被写体を中央に配置する構図。ひねりがないぶん主役がわかりやすく、被写体をダイナミックに大きく扱うと効果的。単調にならないようデザインする必要があり、扱うにはやや難易度が高い。

日本国旗の日の丸のよう

構図を使った垢抜け調整

構図は主に写真撮影で使われますが、写真をより洗練させるためにデザインにもよく活用されます。必要に応じて構図を参考に写真を調整すると、全体にメリハリや動きが生まれたり、余白ができてレイアウトがしやすくなることも。以下の例のように写真を垢抜けた印象にするには、構図がとても効果的です。

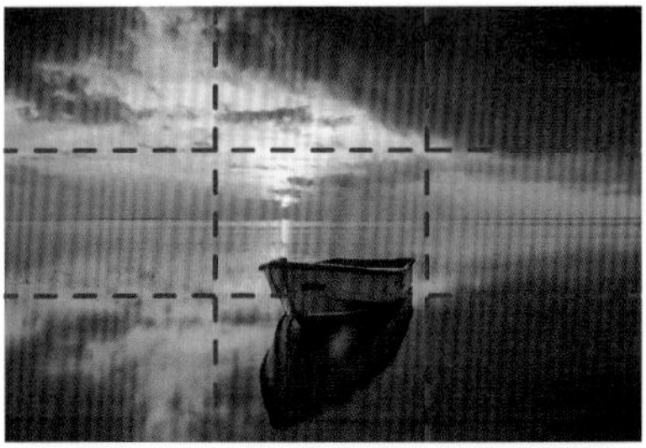

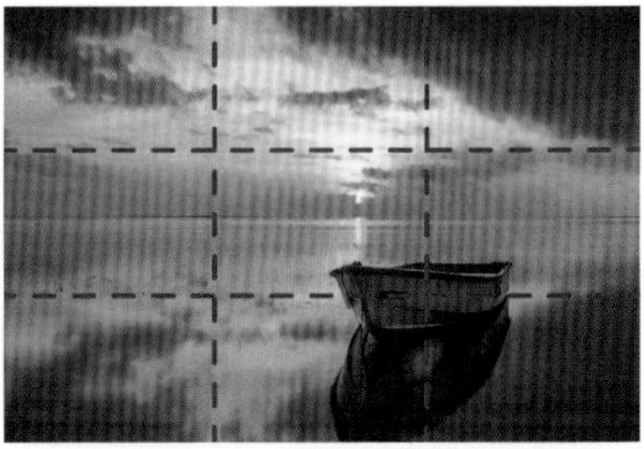

ボートを右下の交点に配置すると写真に動きが生まれる。また、左に余白ができることで海の広大さが際立つ。

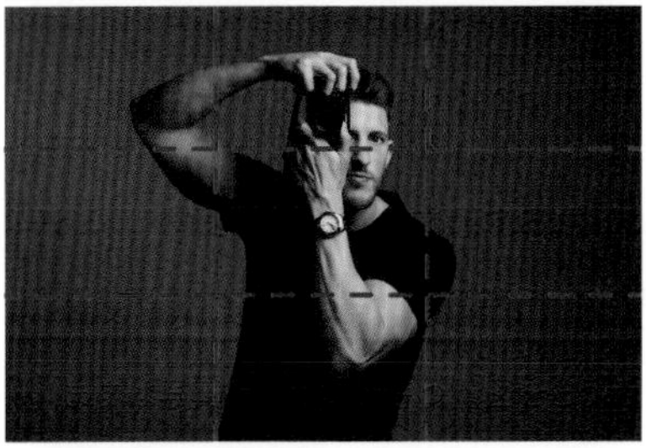

3分割線上に人物を置き、左の2つの交点を目安に顔を配置すると、人物の表情により注目が集まる。

窓の下部分を横の3分割線に揃え、2つの交点上にソファを配置すると、自然で安定感のある構図に。

\Point/ 構図を使うとき意識するポイント

1. 構図はあくまでも目安、ピッタリ厳密に合わせなくてもOK
2. まずは写真そのものが持つ構図をどう活かすのか、考えてみよう
3. 多くの構図に惑わされず、3分割構図を意識するだけでもバランス感が養われる

レタッチで写真の魅力を引き出す

写真はそのままデザインに使わず、画像編集ソフトでレタッチを行なってから使用します。**レタッチ**とは、暗い写真を明るくしたり、ボンヤリしているコントラストをハッキリさせたり、全体の色味などを調整したりする作業です。大きな規模の合成や修正を含む場合もありますが、ここでは最低限行なっておくべきレタッチをご紹介します。

いまひとつモデルの魅力が伝わらない

写真のレタッチは「**明るさ**」「**コントラスト**」「**色味**」の3つを調整するだけで高度な加工技術は使わずに、手軽に写真を魅力的にできる。左の元写真に1つずつ調整を加え、変化を確認していこう。

明るさ

被写体の魅力を伝えるため、暗すぎる写真は適切な明るさに調整する。同一サイトや紙面で複数枚写真を使うときは、この明るさを揃えておくと統一感が出る。

コントラスト

コントラストとは明暗や色の差。輪郭がハッキリとして写真にメリハリが加わる。ここでは背景と同化してしまっている被写体の存在感を引き立てるため、コントラストを上げている。

強いコントラスト：硬い、メリハリ、ハッキリした印象
弱いコントラスト：柔らか、ふんわり、穏やかな印象

色味

写真に足りない色を足して色味を調整する。例ではイキイキとした肌の色にするため暖色を足している。また彩度を調整すると写真の鮮やかさがアップする。

伝えたいことを明確に

レタッチの目的は写真を美しくすることだけではありません。**写真で伝えたいことをしっかり伝わるようにするの**が、レタッチの主目的です。写真を見た人に何を伝えたいのか、どんな印象を与えたいのかを明確にしてレタッチを行いましょう。

明るさ・色味を調整

→

食材写真はまず、美味しそうに見えることが重要。その上でそれぞれの食材が持つ魅力を伝えられるようにレタッチする。例は、いくらの鮮度と品質を伝えるために明るさと色味を中心に調整

明るさ・色味・彩度を調整

→

明るさと色味・彩度を調整し、前面に広がる空と海の魅力を引き出すようにレタッチした例。雲を消したり高度な加工をしなくとも、景色の印象が鮮やかに

コントラスト・明るさを調整

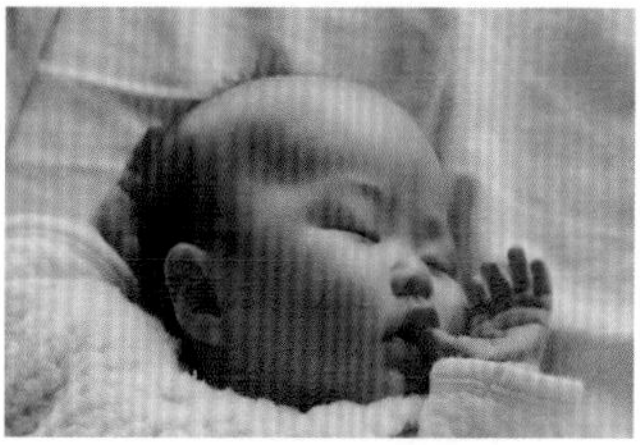

→

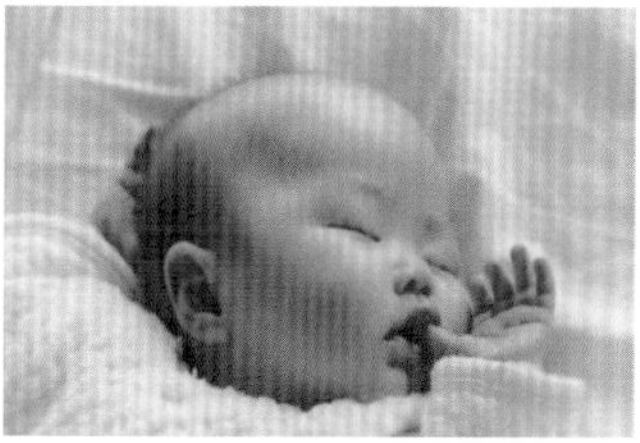

赤ちゃんの無垢な印象を伝えるために、ゆるふわ系のやさしいイメージにレタッチした例。コントラストを下げて明るい部分と暗い部分の差をなくし、全体的に明るさをアップさせている

\Point/ いろいろな写真のレタッチポイント

1. 食材写真は、彩度や色味を調整し、食材を色鮮やかにすると美味しそうに見える
2. 風景写真は、アピールしたい部分や雰囲気をより引き出すように意識する
3. 人物写真は、顔に注目が集まるため、表情を明るくわかりやすくすることを心がける

section
03 これだけ押さえる！写真の文字レイアウト

デザインをする上で写真に文字を入れるシーンはたくさんあります。写真だけではハッキリしない内容も、文字を入れるとより伝わりやすく印象深いデザインに生まれ変わります。とは言っても、写真に文字をうまくレイアウトできないことも多いです。ここでは、写真に文字をレイアウトする際のポイントやコツを解説します。

基本は余白に

写真に文字を入れるときは、基本的に余白に入れるか、背景がスッキリしているところに入れます。背景がゴチャゴチャしていると文字が読みづらくなってしまうため、使う写真を選ぶときは、文字を入れられるスペースがあるかどうかも考慮しましょう。

入社して感じた魅力
「チームで前進する風土に
成長と魅力を感じる」
20XX 年入社 / 4年目
デジタルマーケティング事業部

ゴチャつきのない余白は文字入れしやすい！

余白がない写真の文字レイアウト

写真によっては「全く余白がない！」という場合もあります。そんなときは、メインで見せたいものに文字が被らないように配置するのがポイントです。また、背景と文字のコントラストを充分に確保したり、文字サイズを調整し読みやすさに配慮しましょう。

滝や木々に被らないように意識することで、主役がしっかりと引き立つ！

アンティークから現行モデルまで
人生最高は
この1本。

文字を大きくすると読みやすさアップ！

写真の上の文字を読みやすくするコツ

支給された写真がごちゃごちゃしていて、うまく文字をレイアウトできないときや、レイアウトしたものの今一つ文字が読みづらいときは、ひと手間加えて対処しましょう。ここでは、写真の上の文字が読みづらいときの対処法をいくつかご紹介します。

背景をぼかす

背景をぼかすと文字がハッキリする。写真全体をぼかしたり、文字を載せる一部のみぼかしたり、用途で使い分けよう

文字に帯を敷く

文字に帯を敷くだけの簡単な手法。汎用性が高くイメージも垢抜けて便利

図形を敷く

背景と文字が同化してしまっている部分に図形をあしらう。アクセントにもなり目を引く効果も

太い帯を敷く

帯は文字の可読性を上げるだけでなくメリハリを加えたり、引き締め効果やデザインのアクセントとしても重宝する

半透明の色を重ねる

写真全体に半透明の色を重ね、読みやすさをアップ。重ねる色は写真の色味に合わせると馴染みやすい

ドロップシャドウ

シャドウは無闇に使うと素人感が出てしまうため、どうしても、というときに使おう。背景に合わせた色を使うと自然な仕上がりに

フチ付き文字&ぼかし

フチ付き文字のフチをぼかし、背景との境界をハッキリさせる手法。チープな印象を与えないように、使いすぎには注意

section

04 写真が活きるトリミング活用

トリミングとは写真を切り取ることです。トリミングで不要な部分を切り取り、見せたい情報に焦点をあて、写真で伝えたいことを強調します。ここではトリミングの基本的な考え方と、活用のポイントを解説します。

情報をキレイに整える

まずトリミングの基本は、写真の情報を整えることです。不要な部分を切り取ったり、余白を作ったり、傾きを水平に直してバランスを整えたり、または逆に意図的に傾けたりすることで、写真を整えていきます。トリミングはデザインの下準備ともいえる作業です。

after
いつでも緑は美しい。
LIFE GREEN
情報がスッキリとして見た目もキレイに！

何を主役としてトリミングするか

同じ写真でも何を主役としてトリミングするかで、伝わる内容が大きく変わります。
下の例のように、主役を「チーズセット」にするか「単品」にするか、もしくは「バリエーションを伝えること」にするか「美味しさやクオリティを伝えること」にするかでトリミングが変わってきます。トリミングは写真で何を伝えたいのかを意識し、目的に合わせて行いましょう。

チーズ全体

バリエーションの豊富さが伝わる！

チーズの一部

美味しそうなチーズがより強調される！

寄りと引き

写真をトリミングするとき、寄りで見せるか引きで見せるかによって伝わる印象は変わります。
寄りでトリミングすると、被写体の細部が伝わりやすくなりますが、全体像は伝わりづらくなります。引きでトリミングすると、被写体の規模感や全体像が伝わりやすい反面、細部は伝わりづらくなります。

寄り

ステージの臨場感が際立つ！

引き

広々としたフロアの魅力が伝わる！

メッセージ性の強弱

トリミングによって、見る人に与える印象の強弱がつけられます。下の例のように、被写体全体を見せるのと、一部を強調するのとではメッセージ性や迫力が変わります。じんわりと味わうような表現なのか、より感情的に訴えかける表現なのかで使い分けるのも良いでしょう。注意や警告を促すポスターなど、強いメッセージ性を必要とするときに効果的な手法です。

メッセージ控えめ

控えめな被写体がじんわりと印象深い！

メッセージ強め

迫力が出て、よりメッセージが強まる！

視線と方向

横向きの人物を写真の中心からずらしてトリミングするとき、前後のどちらに余白を作るかによって与える印象は変わります。
人物の前に余白を作ると、視線の先に広がりが生まれ、未来に向かって進むようなポジティブな印象が作れます。反対に**人物の後ろに余白**を作ると、過去を回想したり経験を物語るような印象を作れます。

前に余白

No pain, no gain.
もう無理だ、と感じるのは好き。
たとえ乗り越えられなくても
その先に成長があるから。

目標に向かっていく
希望的な印象に！

後ろに余白

No pain, no gain.
もう無理だ、と感じるのは好き。
たとえ乗り越えられなくても
その先に成長があるから。

経験を回想するような
イメージに！

勢いと奥行き

被写体が斜め前に向かってくるような構図の写真をトリミングするとき、進行方向に余白を作るか、逆方向に余白を作るかによって印象が変わります。
進行方向に余白を作ると勢いのあるイメージになり、反対に、逆方向に余白を作ると奥から向かってきたような遠近感・立体感のあるイメージになります。

進行方向に余白

疾走感と勢いを感じる！

逆方向に余白

迫ってくるような奥行きを感じる！

切り抜き写真

被写体の切り抜き写真は、とても便利なトリミング手法です。切り抜き写真は余分な部分がないため、四角いままの写真よりも融通が効き、レイアウトしやすく省スペースです。被写体を大きく見せたり、注目させたり、遊び心をプラスしたり、アレンジ次第で様々な表現ができます。

写真そのまま

✕ before

レイアウトが限られ、アレンジしにくい…

写真を切り抜く

〇 after

レイアウトの自由度が増し、遊び心も！

切り抜きアレンジ

切り抜き写真は、オーソドックスに被写体を切り抜く以外にもアレンジはいろいろあります。フチをつけたり図形や文字で切り抜いたり、一部だけ切り抜いたり、工夫次第で表現の幅が広がります。

被写体の形で

一部だけ切り抜く

図形で

文字で

フチをつける

縫い目をつける

フレームで

いろいろな形で

section

05 使える！　写真の表現アレンジ

写真を使った表現やアレンジは、簡単なものから高度なものまでたくさんあります。これらの手法は、日々目にするデザインを分析し、アイディアの引き出しとして積極的に吸収していくのが上達のコツ。ここでは、手軽に取り入れやすい手法をいくつかご紹介します。

ちょい文字かぶせ

写真に文字や文章をちょこっと被せるだけで、デザインにまとまりと一体感が生まれます。「なんか単調だな…」と感じたときにも、全体の雰囲気を崩さずに変化を生み出せるため便利です。手軽でとても使いやすく、いろいろなシーンで活躍します。

省スペースで余白も生まれる！

写真２枚

写真を上下、もしくは左右２枚で構成するシンプルな手法です。写真が大きく扱えるため、目を引きやすいビジュアルが作れます。また、関連性のある写真を組み合わせることで、ストーリー性のあるドラマティックなイメージを生み出せます。

連続性のある写真だけでなく、正反対のイメージを対比させるのも効果的！

＼アレンジ／ **クレショフ効果を活用するのも◎**

＋

飛行機の整備

＋

ビルの建設

関連性のない複数の写真を組み合わせると、見る人はそれらの写真に意味を見出し、無意識に関連付けてしまう心理現象をクレショフ効果という

重ねて散りばめ

写真をペタペタと重ねて散りばめるだけで、オシャレで動きのあるイメージが作れます。たとえば料理の写真を使って特集バナーを作ったり、モデル写真を使ってファッショナブルな雰囲気にしたり、複数の写真を一度に見せたいときに便利です。

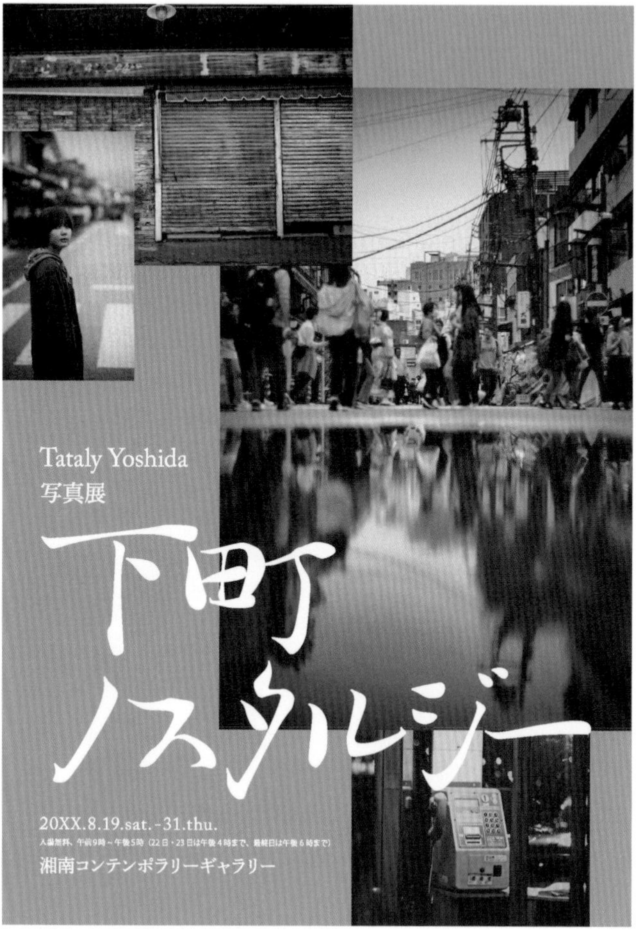

シンプルで取り入れやすい！

\Point/ 写真を重ねて散りばめるポイント

1. 写真を密集させた部分とそうでない部分を作るように意識すると、メリハリが出る
2. 写真を透過させたり乗算して重ねるのも◎
3. 文字も写真に重ねるようにすると一体感が増す

写真をタイル状に

写真をタイル状に敷き詰めると、フォトアルバムのような整然としたデザインが完成します。レイアウトしやすく幅広いアレンジができる表現手法です。まずはシンプルに正方形を並べて作ることから始め、慣れてきたらいろいろなアレンジをしてみましょう。

ナナメにするとより目を引く！

\Point/ タイル表現のアレンジテクニック

1. いろいろなサイズのタイルを使うと賑やかな印象に
2. 統一感を出すには、写真のトーンを合わせる
3. 大胆にナナメにトリミングすると、動きが加わりインパクトが増す

色ベタ＋切り抜き

色ベタの背景と切り抜き写真の相性はバツグンです。切り抜きのシルエットが活き、抜け感のあるイメージが作れます。よりカジュアルさを求めるなら、手書き文字やイラストをあしらうのもオススメです。

シンプルなのにオシャレ感を演出！

\Point／ 色ベタ＋切り抜きを使いこなすコツ

1. 背景色はテーマや季節などに合わせて選ぶと良い
2. あざやか過ぎる背景色はNG、ややトーンを抑えて抜け感を出そう
3. 写真が多いときは、大きさを変えたりランダムに散らすと動きが出る

切り抜きペタペタ

主役を中心にして、**切り抜いた写真をペタペタとあしらうように配置**すると、コラージュ作品のようなアーティスティックなイメージが作れます。ただしアートではなく、あくまでもデザインとして機能させるため、主役をハッキリさせたり、文字レイアウトに規則性を持たせて読みやすくしたり、わかりやすさに配慮する必要があります。

アートっぽい雰囲気がインパクト大！

\Point/ コラージュで使えるアレンジテクニック

1. カラー写真とモノクロ写真を使い分け、メリハリを出すのも◎
2. 切り抜きをラフに行うと、アナログ感がアップ
3. 背景にあしらう装飾文字とも相性抜群

写真に枠つけ

「写真だけだとなんだか味気ない…」というときは、**写真に枠をつける**だけで全体が引き締まり、デザインのポイントにもなります。また、枠があることで写真に注目を集めやすくなるため一石二鳥。もうひと工夫欲しいときに便利なテクニックです。

\アレンジ/ ちょっとひと手間！　枠つけアイディア

テキスト枠

不完全な枠

枠＋図形

まだまだある！ 写真の表現アレンジ

タイル状の写真レイアウトにベタ塗りの図形を織り交ぜるとデザインのアクセントになり、より写真が引き立つ

簡単にできて、目を引く表現ならこれ。同じ写真を重ねるだけで、トリックアートのような不思議なイメージに

写真をタイル状に並べて使うとき、境界線をランダムにアレンジするとデザインに動きが生まれる。楽しく賑やかな雰囲気を演出したいときにも便利

section

06 失敗しないイラスト選び

イラストをうまく活用するには、**目的や状況に合った最適なイラスト**を選べないといけません。むやみにイラストを選んでしまうと、見る人の理解を阻害したり、ただのノイズになってしまうことも。ここではイラストを効果的に使いこなすための、失敗しないイラスト選びをご紹介します。

イラストの種類を知る

イラストには数多くの種類があり、作者によって色使いやタッチは様々です。山ほどあるイラストの中から最適なイラストを選ぶために、まずはどんな種類があるのかを知っておきましょう。

フラット ベタ塗りで質感のないシンプルなイラスト。汎用性が高く、作者の異なるイラストを合わせて使っても違和感が少なめ。どんなデザインにも使いやすい

例

線画調 線で描かれたイラスト。シンプルなものから手書き風まで多種多様。単色のままでも使いやすく、色数少なめで使うのがおすすめ

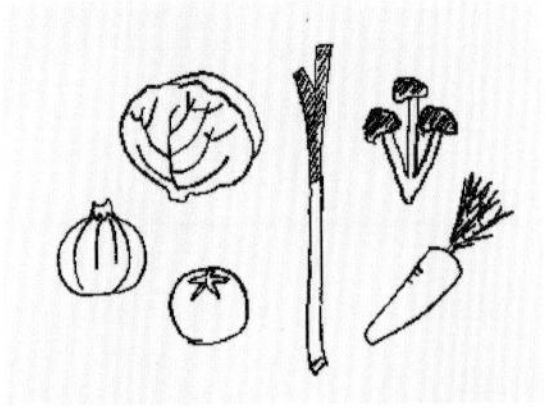

例

水彩風 透明感や清涼感・みずみずしさを感じさせるイラスト。重厚感や力強さではなく、やさしい空気感や淡いイメージを作るときに便利

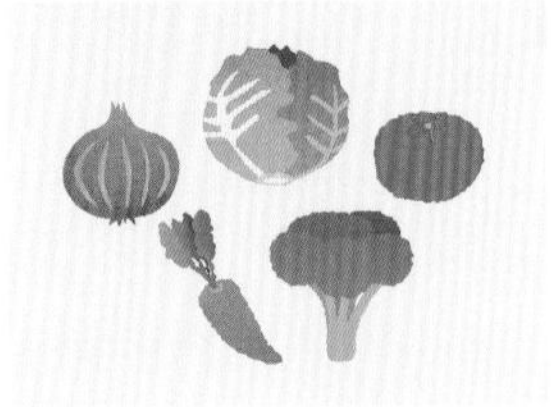

例

ここではよく使われている7つの種類をピックアップしました。見ての通り、種類ごとに印象がまったく違います。それぞれがどのような印象を与えるのかを大まかに捉えておくと、制作時にイメージしやすく便利です。

リアル

デフォルメされていない本物感のあるイラスト。写真にはない独特の雰囲気や質感が魅力。「おっ！」と目をひくアイキャッチとしても便利

例

アイコン

モノ・コトを簡単に表現したイラスト。補助的に見出しやボタンなどにあしらうと効果的。シンプルでスッキリしており、使っても邪魔にならない

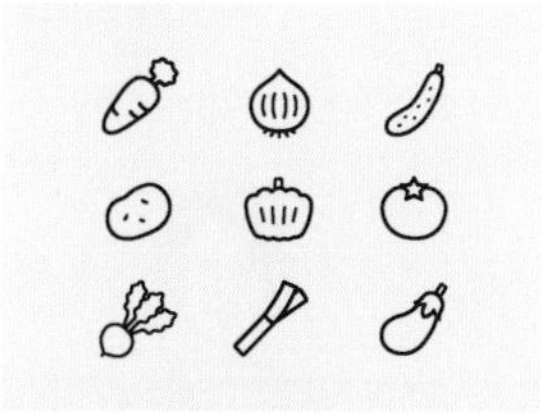

例

キャラクター風

モノを擬人化したり、漫画風タッチのような個性的なイラスト。インパクトは大きいがクセが強く、完成イメージに合わせて慎重に選ぶ必要がある

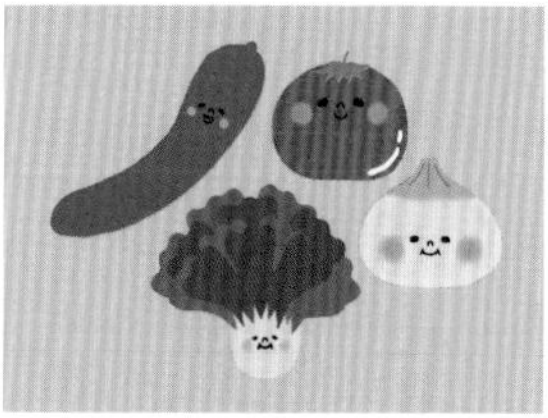

例

アイソメトリック

近年よく見かけるようになった立体的なイラスト。キャラクター性が少なく無機質なため、幅広いシーンで使える。また、フラットな作りで色やトーンを調整しやすい

例

好みではなく目的で選ぶ

イラストを選ぶとき、つい好みで選びたくなりますが、**必ず目的に合わせて**選びましょう。目的を果たすためにどのような印象のイラストが適切か、クライアントと一緒にしっかりと方向性を定めるとピッタリのイラストが選べます。いくつかイラスト選びの例をご紹介します。

例 医療機関サービスの広告イラスト選び

次の例は医療サービスのバナーで使用するイラスト選びです。目的をよく確認し最適なイラストを選んでいきます。

イラストを使う目的

医療系の堅苦しくなりがちな印象を軽減し、親近感を感じさせ利用しやすくする。

制作MEMO

個人差を考慮する

イラストから受ける印象は個人差があり、年齢や性別・好みや感覚によっても異なる。イラストを選ぶときは対象のターゲット層を意識し、できれば同じ層にチェックしてもらうと良い。

この例では親近感を作り出し、気軽にサービス利用してもらうためにイラストを活用します。そのため、やさしい印象のイラストを中心に検討し、目的にぴったり合うものを選びます。

①を使った場合

親近感はあるけど少し幼稚すぎる…

⑤を使った場合

もう少しフレンドリーにしたい…

②を使った場合

程よいやわらかさで親近感アップ！

例 食品の広告イラスト選び

次の例では主役を引き立てるため、背景のあしらいとしてイラストを活用しています。また、商品のウリを伝えるため、イラストはリアルタッチの⑤を選びメロンの素材感を演出しています。

イラストを使う目的

コンビニが開発したメロンパンの広告。イラストで主役を引き立て、ウリのメロン感もアピールする

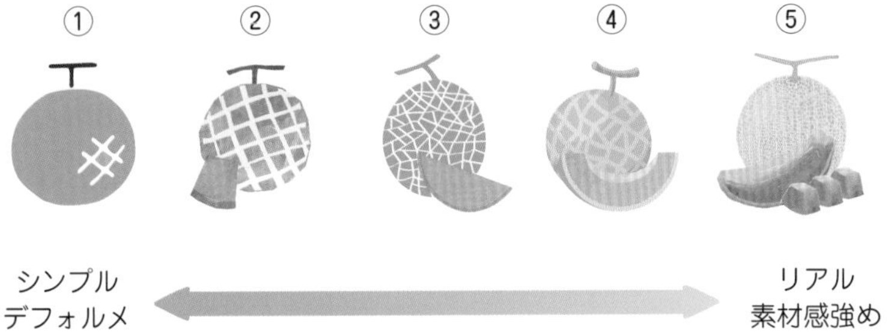

メロンよりメロンな
メロンパン
メロン果汁と果肉がたっぷり!

主役が引き立ち、素材感も伝わる!

例 リーズナブルな家具店の広告イラスト選び

次の例ではイラストならではの独特な雰囲気をアイキャッチとして用いて、トレンド感を表現します。イラストは、お店の価格帯に合わせて③以外から選びます。ここでは少し幼さを感じる①ではなく、クセのないシンプルな②が最適と判断し使用しています。

イラストを使う目的

写真にはない雰囲気でトレンド感を表現し目を引く。ただし、リーズナブルな価格帯のため高級な表現はNG

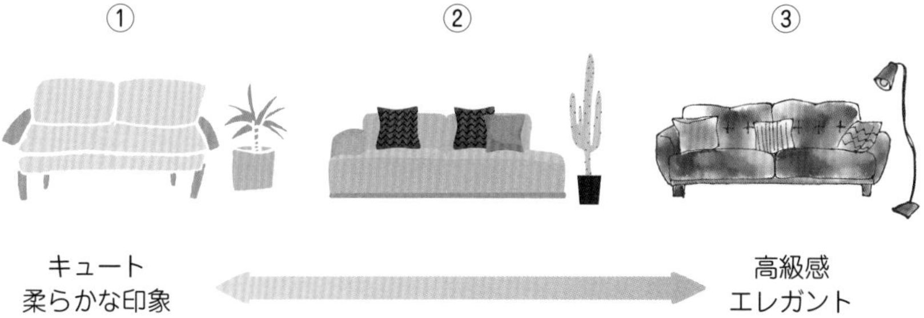

自宅で見つけるお気に入り家具
ONLINE STYLING

安っぽくならず、適度なオシャレ感！

section 07

これでまとまる！　イラスト調整

目的に合ったイラストを選べても、ただ使うだけでは「なんか浮いてるな…」「変だな…」と感じることがあります。イラストを使うときは、うまく全体と馴染ませて違和感なくまとめるのも大切なポイント。ここでは、イラストを使うときによくある調整ポイントをいくつかご紹介します。

色を合わせる

イラストを使うときは、**周りの色やテーマカラーと色を合わせる**のがポイントです。色を合わせることで、全体となじみ統一感がでるため、違和感なくまとまります。

線の太さを合わせる

線の太さは見逃しがちなポイントです。イラストを拡大縮小すると、線の太さが変わってしまい他と比べて違和感を感じることがあります。線の太さは全体を通して合わせるのが鉄則です。イラストを使うときは、少しでも違和感を感じたら微調整を忘れずに行いましょう。

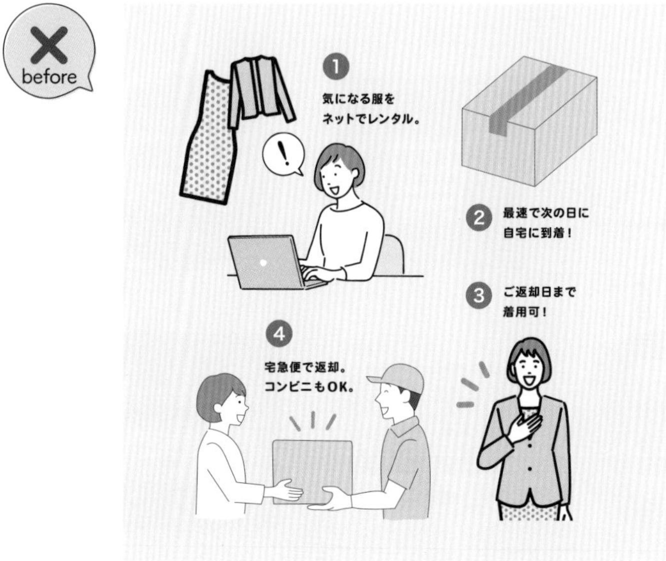
before
1
気になる服を
ネットでレンタル。
2
最速で次の日に
自宅に到着！
3
ご返却日まで
着用可！
4
宅急便で返却。
コンビニもOK。

線の太さがバラバラ…

after
1
気になる服を
ネットでレンタル。
2
最速で次の日に
自宅に到着！
3
ご返却日まで
着用可！
4
宅急便で返却。
コンビニもOK。

太さを合わせて違和感なし！

テイストを合わせる

イラストのテイストは必ず合わせましょう。企画書やランディングページなど情報のボリュームが多い場合でも全体を通して統一感を出すには、イラストのテイストを合わせることが大切です。

似たテイストを組み合わせる

イラストをいくつか使うとき、同じシリーズで素材が揃わないこともあります。そんなときは**線やタッチが似ているもの**を組み合わせると違和感なくまとめられます。

×
before

イラストのタッチが違うとなじまない…

○
after

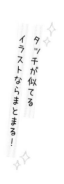

タッチが似てるイラストならまとまる！

section

08 イラスト使いのアイディア帳

イラストの使いどころや表現に悩むことはありませんか？　ここではイラストを取り入れたデザインアイディアの中から、よく使うものをいくつかご紹介します。これらのポイントを押さえておくだけで制作のヒントにつながります。

主役に1つだけ

テーマに合った**主役のイラスト**を1つに絞って、アイキャッチとして中心に配置すると、一目でテーマが理解できるシンプルなデザインになります。その他の情報には過剰な装飾はせず、スッキリとレイアウトすることで主役がより際立ちます。

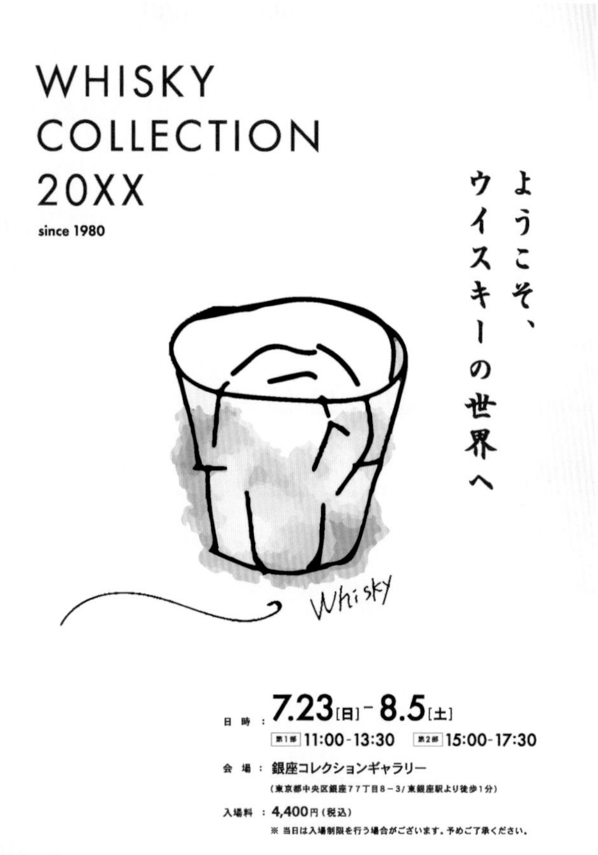
WHISKY
COLLECTION
20XX
since 1980
ようこそ、
ウイスキーの世界へ
Whisky
日時：7.23[日]－8.5[土]
第1部 11:00-13:30　第2部 15:00-17:30
会場：銀座コレクションギャラリー
(東京都中央区銀座77丁目8－3/東銀座駅より徒歩1分)
入場料：4,400円(税込)
※ 当日は入場制限を行う場合がございます。予めご了承ください。

シンプルイズベスト！

シルエットでまとめる

イラストのシルエットで関連性のある要素をまとめると、内容が視覚的にも理解しやすくなります。チラシやメニュー表など、情報量が多いときにオススメしたい手法です。

\Point/ シルエットを使うときのコツ

1. シルエットにしてもわかりやすいモチーフで
2. フレームだけでなく、ベタ塗りシルエットでもOK
3. いくつか使うときは、タッチは必ず揃えよう

一目で内容がわかりやすい!

ランダムに散りばめる

イラストを**ランダムに散りばめる**と、リズムが生まれて動きのあるデザインに。紙面に「楽しさ」や「賑やかさ」も加わり、様々なシーンのクリエイティブに使える便利な手法です。

動きがあると注目度もアップ！

\Point/ **イラストを散りばめるときのコツ**

1. イラストの色数を絞ると、統一感が出てまとまりやすい
2. ランダムと言っても、イラスト同士のバランスや余白の偏りなどを微調整すると◎
3. 空間の広がりを演出するなら、イラストを紙面からはみ出して散りばめてみよう

背景に敷き詰める

「なんだか背景が物足りない…」「内容が少なすぎてデザインできない…」というときに便利な手法が、**イラストを背景に敷き詰める方法**です。背景にテーマイラストを敷き詰めるだけで、目を引く魅力的なデザインになります。背景以外の要素は、余白を利用してシンプルにレイアウトするのがメリハリを出すコツです。

イラストを敷き詰めるだけの簡単アレンジ！

\アレンジ/ **見せ方いろいろイラスト背景**

規則正しく

ランダムに

パターン

内容にしっかり目がいくように、背景イラストはできるだけ色を絞ろう。

ちょこっと添える

なんだか物足りなさを感じたり、文字ばかりで単調なときはイラストをちょこっと添えると効果的です。あくまでも脇役としてワンポイントで添えるのがポイントです。イラストがアクセントになり印象深さがアップします。

線画を添えて洗練された印象に！

\Point/ **イラストを添えるときのコツ**

1. 色数はできるだけ増やさないようにすると馴染む
2. イラストのテイストは必ずテーマに合わせたものを
3. やりすぎはごちゃごちゃの原因に

いろいろなところに添える

他にもボタンや見出し、吹き出しのデザインなどにイラストを添えるとオリジナリティのある表現が作れます。イラストを添えることで訴求力がアップしたり、目を引くポイントになったり、ちょっとひと手間加えるだけで細部がグッと魅力的になります。

受講生の声
在学中に就職先を紹介いただき、卒業後はすぐに現場で働くことができました。まだまだ経験不足ですが、充実した毎日を過ごしています！

ボックスに添える

ボタンに添える

見出しに添える

吹き出しやバッジに添える

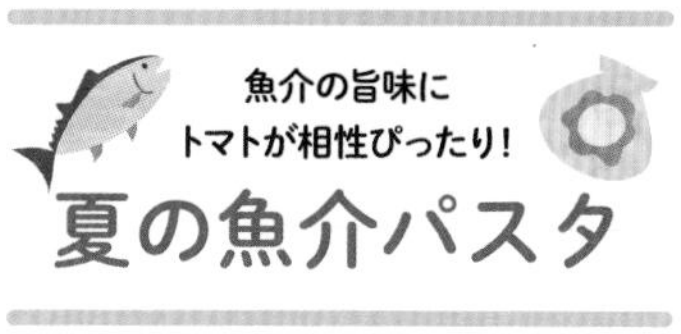

タイトルに添える

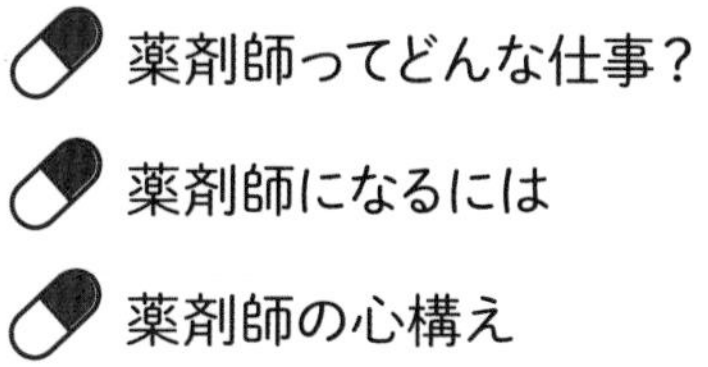
薬剤師ってどんな仕事？
薬剤師になるには
薬剤師の心構え

リストに添える

制作MEMO

イラスト使いもメリハリが大事

チラシでもウェブサイトでも「ココに注目してほしい！」という部分にだけイラストを使えば、自然と目が留まりアイキャッチ効果が高まる。メリハリを意識して効果的にイラストを活用しよう。

写真にあしらう

写真にイラストをあしらうと、写真とイラストのコントラストが独特な雰囲気を生み、遊び心のある表現に。写真のかたいイメージを柔らかくしたり、イメージを変えたいときやアクセントとしても便利です。

イラスト効果で
やさしいイメージに!

\Point/ 写真にあしらうイラスト選びのコツ

1. 写真との差をより際立たせるなら、単純なイラストを選ぶ
2. 写真と同系色や無彩色のイラストを使うと調和する
3. 単色のイラストが扱いやすい

使い方次第で表現いろいろ

写真の切り抜きに手書き風のイラストをちょこっとあしらうだけで抜け感が出る

イラストは非現実的な表現もしやすい。文字とイラストを組み合わせて独特の世界観に

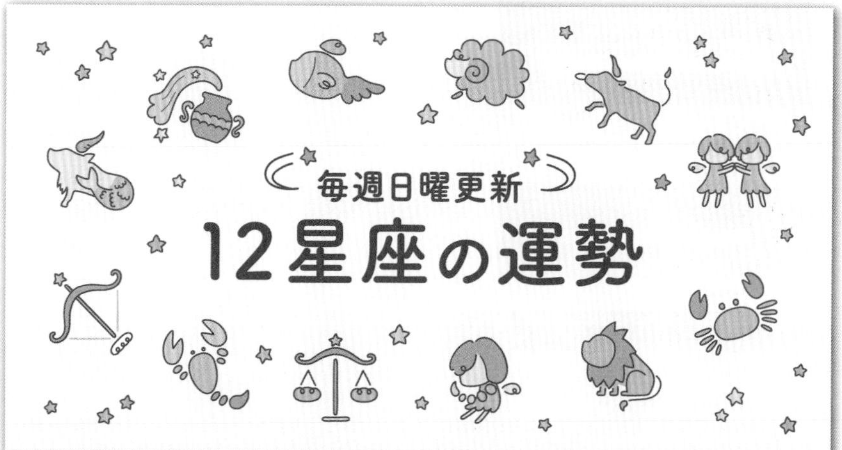

タイトルを目立たせるため、イラストで囲うようにレイアウト。引き立て役にもイラストはピッタリ

column デザイン制作で使える素材サイト

デザインのクオリティを上げるには、高品質な写真やイラストが欠かせません。デザイン制作で使いやすい素材サイトをこちらにいくつかピックアップしました。本書でもこれらのサイトの素材を利用しデザインを行なっています。

写真AC https://www.photo-ac.com/

国内で最大規模の素材サイト。
素材は日本で撮影されたものが多く、人物モデルも日本人中心。素材数も豊富で使いやすさはピカイチ。

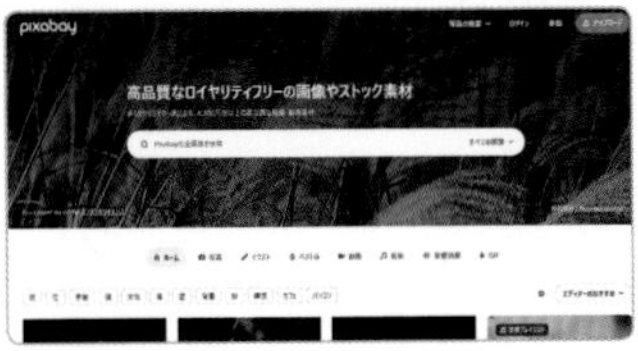

Pixabay https://pixabay.com/ja/

素材数が圧倒的に豊富な素材サイト。
人物モデルは外国人が中心だが、風景やテクスチャなど高品質な素材が幅広いジャンルで揃う。

イラストAC https://www.ac-illust.com/

魅力的なイラストレーターのイラストが多数揃う素材サイト。日々新しいイラストが更新され、素材数も豊富。
欲しいテイストのイラストが見つかりやすい。

Freepik https://jp.freepik.com/

高品質なベクター素材やデザインテンプレートなども揃う素材サイト。海外サイトだが日本語で検索できて使いやすい。

Adobe Stock https://stock.adobe.com/jp/

写真だけでなくイラストなどのベクター素材も幅広く揃う。
基本は有料だが、無料素材もあり高品質なものが多い。
Adobeのアプリケーションと連携しやすいのも◎。

サイト利用に関するご注意

こちらでは主に、素材の商用利用可能なサイトを紹介しています。ただし、素材やクリエイターによっては利用可能範囲が制限されていたり、独自のルールが設けられている場合があります。利用する際はサイトの規約などを確認のうえ、不明点はサイト運営者に問い合わせるなどしてご自身の責任のうえでご活用ください。

Part 6

伝わるグラフとチャートのレシピ

section
01 グラフと表はノンストレス化

グラフや表のように数字やデータが羅列されたビジュアルは、それだけで見る人を疲れさせます。そのためグラフや表はできるだけ**シンプル化**し、見る人にストレスを与えないように工夫することがとても大切です。また、伝えたいことが一目でわかるようにメリハリをつけることも重要です。ここでは、グラフや表を伝わりやすくノンストレス化するポイントを解説します。

円グラフのデザイン

円グラフは、全体に占める割合やシェアを表現するのに使われます。ただし項目が多くて細かすぎると、それぞれの大小差を比較しづらくわかりにくさの原因になります。余計なものはまとめたり思い切って排除し、重要なポイントに焦点が当たるようにすると効果的です。

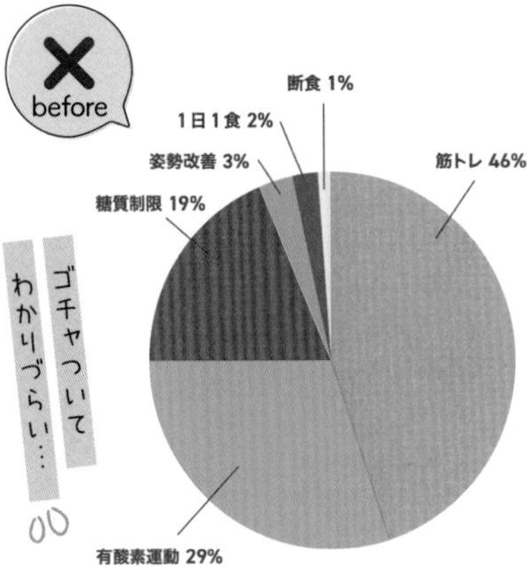

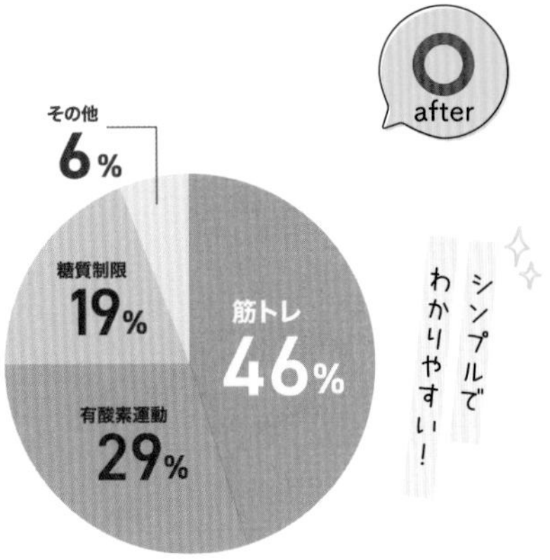

ココに着目

- 色数は1色＋無彩色など最小限に
- 項目は円の中に入れるとスッキリ
- 強調すべき部分だけ目立たせる
- 引き出し線の角度は0度・45度・90度の3つで統一

\アレンジ/ 使える！ 円グラフの加工テクニック

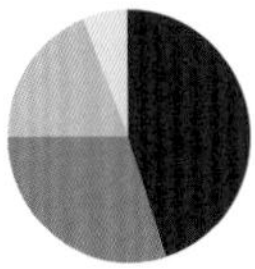

同系色で統一感

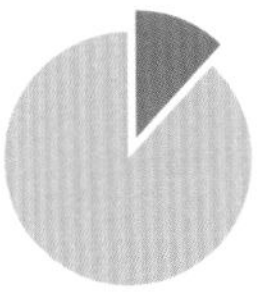

分離させて目立たせる

情報をひとかたまりに

ひと手間加えると、伝わりやすさアップ。見る人が考えなくても要点を理解できるよう配慮しよう

棒グラフのデザイン

棒グラフは、大小を比較するのに適したグラフです。棒グラフの項目は並べ順に決まりはなく、数が多い順や時系列で並べるなど理解のしやすさに重点を置きましょう。余分な要素を削り、色は2色程度で重要な数値を強調すると伝わりやすいグラフが作成できます。

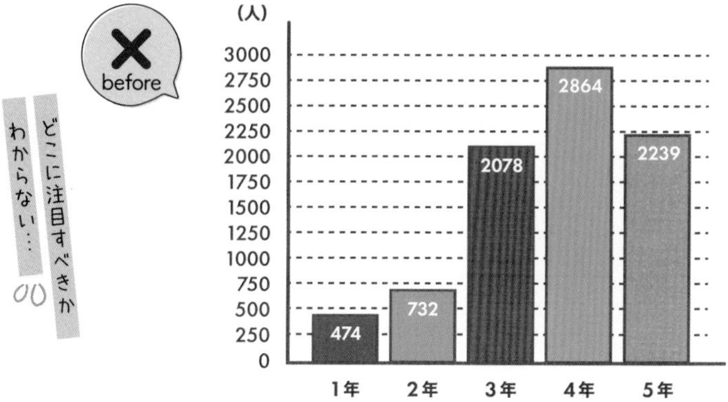

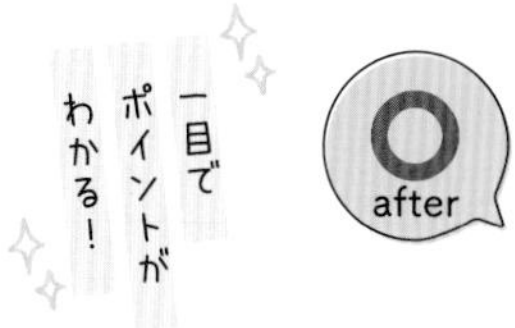

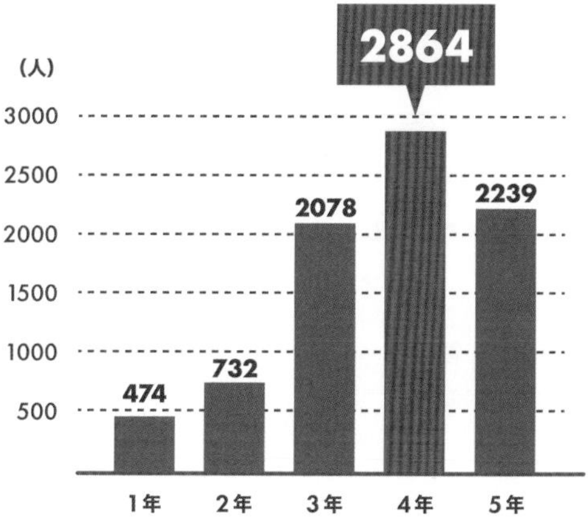

ココに着目

- 余計な目盛りは省く
- 棒の枠線はない方がシンプル
- 棒の太さは適度にし、間隔は棒幅の50%位がバランス◎

\Point/ 横棒グラフの使いどころ

1. 項目名が長い場合は、横棒グラフを使うのがオススメ
2. 項目順は多いものから並べると理解しやすく見た目もキレイに

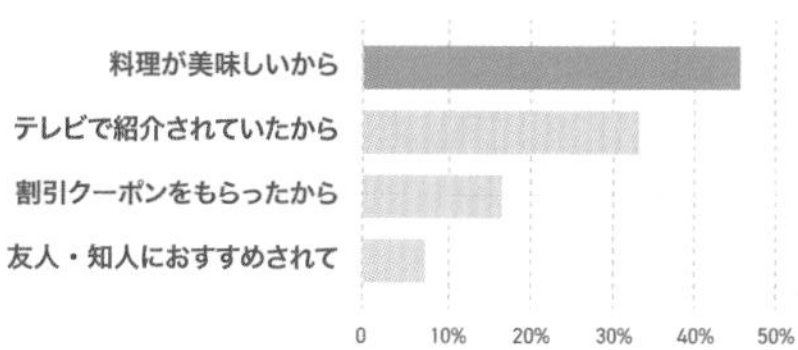

● 折れ線グラフのデザイン

折れ線グラフは、線の傾きによって変化の度合いや値の推移を表現します。また、傾向の分析にも向いています。ただし、線がゴチャゴチャして見えると理解の妨げになるため、伝えたいことを明確化し、しっかりとメリハリをつけて示すことが重要です。

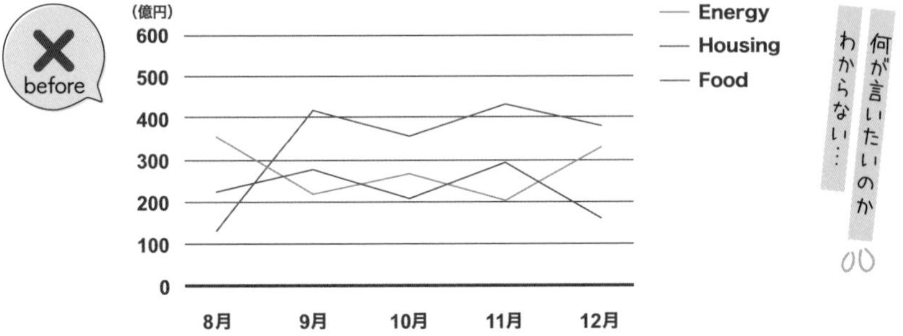

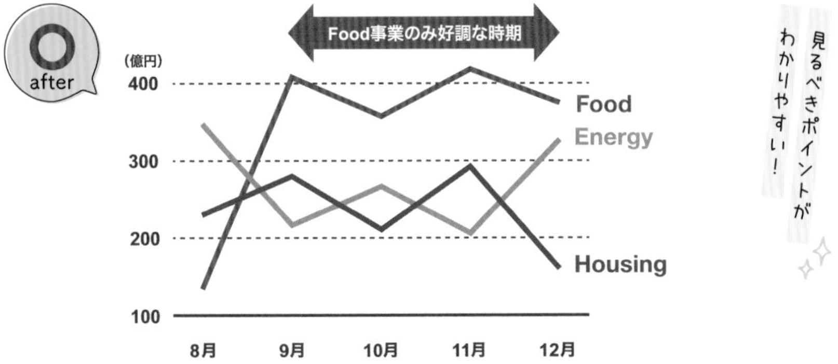

ココに着目

- 適切な高さ・スケールで作る
- 基準線とグラフ線には差をつける
- 項目名はグラフの線と同色に
- アピールポイントは補足したり明示する
- 変動幅を強調したいときなど、必ずしも0を始点にしなくてもOK

＼アレンジ／ もうひと手間で伝わりやすさアップ

重要な線を太さで強調

重要な線を色で強調

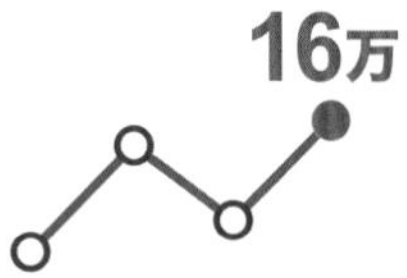

重要な数値を強調

表のデザイン

表はどうしても情報量が多くなり、見る人にストレスを与えやすいものです。余白をたっぷりとったり、余計な罫線を省くことで圧迫感がなくなり、スッキリとした表になります。また、プレゼン資料やセールスページなどで使うときは、ただの情報の羅列にならないよう、重要なポイントにはしっかりと変化をつけましょう。

× before

	新プラン	旧プランA	旧プランB
月額料金	¥9,800（税込）	¥10,800（税込）	¥12,800（税込）
交換	○	×	×
お届け枚数	3枚/月	2枚/月	3枚/月
対応サイズ	XS～XL	S～L	XS～XL

窮屈で
雑な印象…

○ after

	新プラン	旧プランA	旧プランB
月額料金	¥9,800（税込）	¥10,800（税込）	¥12,800（税込）
交換	○	×	×
お届け枚数	3枚/月	2枚/月	3枚/月
対応サイズ	XS～XL	S～L	XS～XL

要点がわかりやすく
印象もスッキリ！

ココに着目

- 色数は多いと配色のハードルが上がるため、最小限に
- 項目名以外の表の中は白が無難で見やすい
- 目立たせたい箇所は、色や文字サイズで強調しよう

\アレンジ/ **表作りの基本テクニック**

機能	Standard	Pro
タグ・ラベル	●	●
一括取り込み	×	●
ランキング	●	●
独自カスタム	×	●

行をストライプにして線を省略

カーゴパンツ	¥8,150
セーター	¥5,300
ベスト	¥17,200
ハンドバッグ	¥114,300

数字は右揃えに

タスク	重要度	ステータス
LPデザイン	中	完了
LPコーディング	中	進行中
フォーム改修	高	未着手
メールマガジン	低	未着手

背景色を変えて強調

section 02
ここで差がつく！伝わるチャートの作り方

文章ではわかりづらい流れや工程は、**チャート**を使って伝えるのが効果的です。伝わりやすいチャートを作るには、ムダを省いて要素をシンプルに整理するのがポイントです。
さらに、販促チラシ・ウェブサイトなどに使うときは見た目も重要です。素人感が出ていると商品の質も低くみられてしまうため、伝わりやすく見栄えするチャートを作りましょう。本書では「**図・矢印などで物事の流れや相互関係を示した図**」をチャートと定義し、解説しています。

● チャートのデザイン（横）

グラフや表と同じように、チャートも余計な要素は削ってシンプルに作るのが基本です。流れを簡潔に表現し、矢印や図形はシンプルで主張の少ないものを使うようにすると、見る人は内容に集中できます。

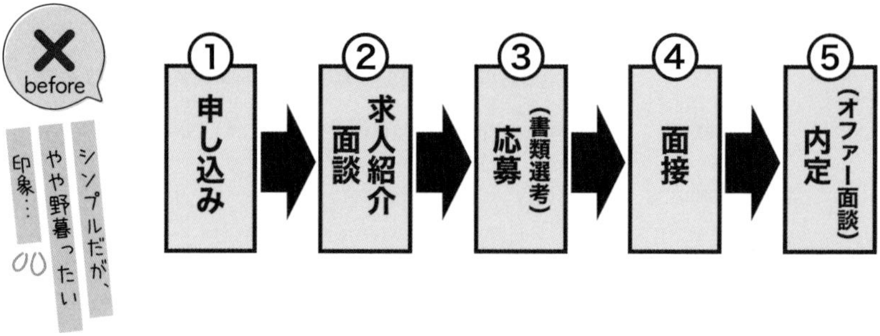

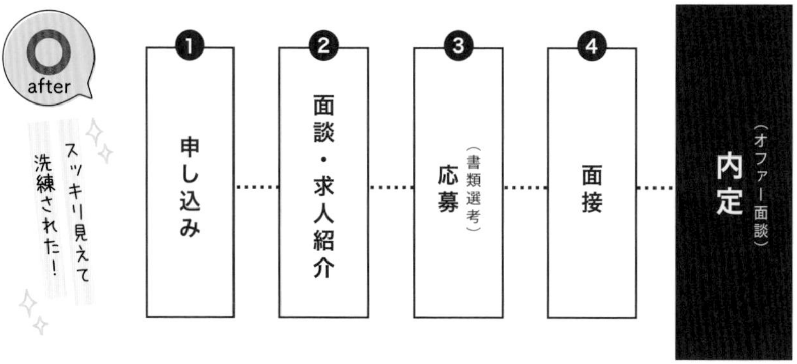

ココに着目

- 図形は塗りか線だけにするとスッキリ見やすい
- 工程のゴールや重要な点は強調するとわかりやすい
- 余白を作って窮屈さをなくそう

● 目的に合わせてアレンジする

チャートはひと手間加えるだけでガラッとイメージを変えられます。シンプルさを追及したり、伝わりやすさに磨きをかけたり、シーンや目的に合わせて適切なチャートにアレンジすることが重要です。

矢印1本　矢印を1本にまとめるとシンプルでスッキリ

同系色のグラデーション　工程をグラデーションで表すと、ステップが強調され印象的に

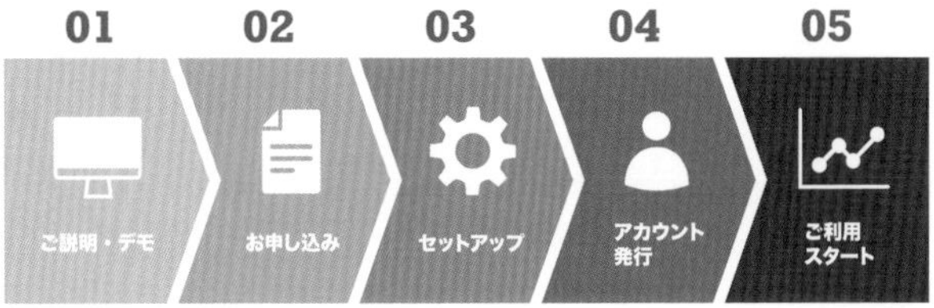

段差ステップ　段差をつけるとステップがイメージしやすくなり、リズムも生まれる

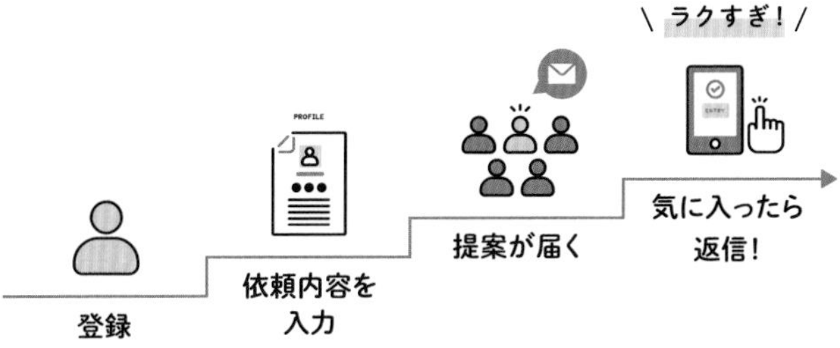

＼アレンジ／

時間の長さを可視化

横型のチャートは左から右へと時間軸を連想しやすい。時間の長さを可視化してイメージしやすくするのもおすすめ

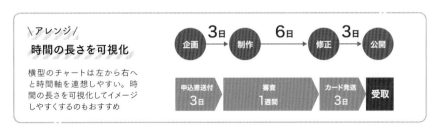

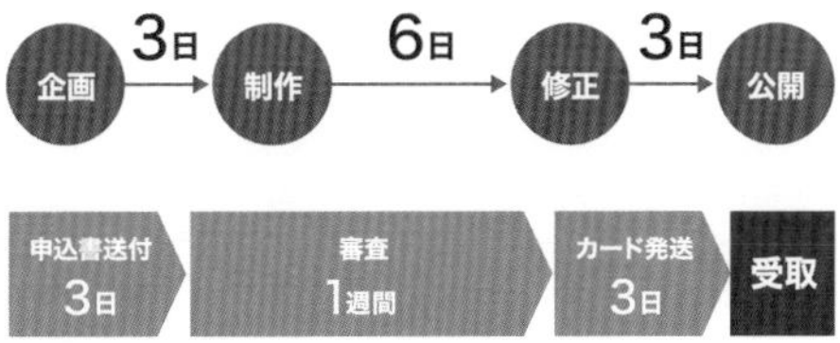

チャートのデザイン（縦）

文章量が多いときに横型のチャートを使用すると、改行が多くなり読みにくくなることも。そんなときは**縦型のチャート**が便利です。また、縦型のチャートはステップの順序や関係が視覚的にわかりやすく強調され、重要な手続きのフローなど上から順に抜け漏れなく工程を実施してほしいときにも有効です。

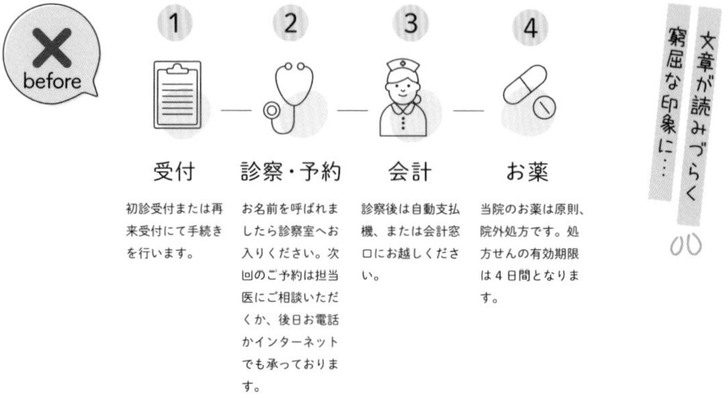

before
1
2
3
4
受付
診察・予約
会計
お薬
初診受付または再来受付にて手続きを行います。
お名前を呼ばれましたら診察室へお入りください。次回のご予約は担当医にご相談いただくか、後日お電話かインターネットでも承っております。
診察後は自動支払機、または会計窓口にお越しください。
当院のお薬は原則、院外処方です。処方せんの有効期限は４日間となります。
文章が読みづらく
窮屈な印象に…

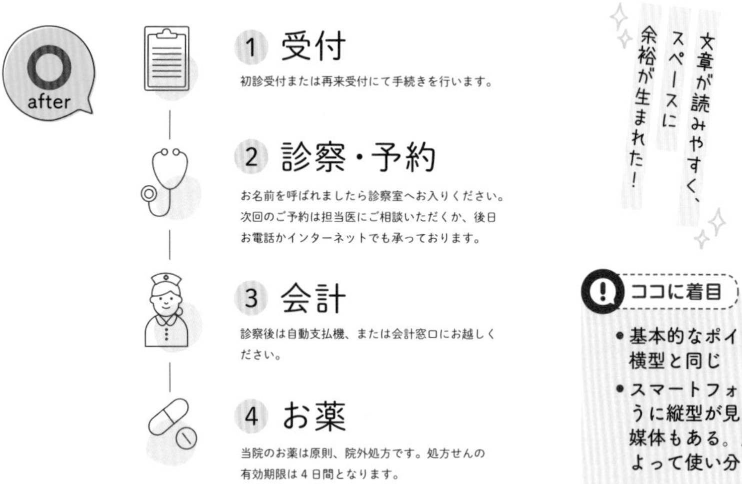

after
1 受付
初診受付または再来受付にて手続きを行います。
2 診察・予約
お名前を呼ばれましたら診察室へお入りください。次回のご予約は担当医にご相談いただくか、後日お電話かインターネットでも承っております。
3 会計
診察後は自動支払機、または会計窓口にお越しください。
4 お薬
当院のお薬は原則、院外処方です。処方せんの有効期限は４日間となります。
文章が読みやすく、
スペースに
余裕が生まれた！

ココに着目

- 基本的なポイントは横型と同じ
- スマートフォンのように縦型が見やすい媒体もある。用途によって使い分けよう

\Point/ 楕円は避けよう

チャートに限らず、デザインを作るときに楕円を使うのは避けましょう。使いづらく見た目が美しくないため、素人感の原因に。
正円や四角形を使うのが◎

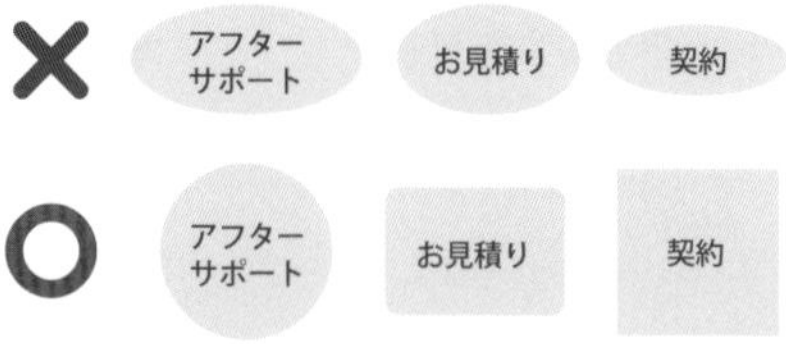

循環型チャートのデザイン

循環型チャートは、物事の循環サイクルを表現するのによく使われます。特別な理由がないかぎり、循環の起点や最初に注目してほしい部分を左か上に配置すると左上から右下に向かう自然な視線の流れにマッチし、内容が理解しやすくなります。また、流れをイメージしやすくするため、アイコンなどをあしらうのも効果的です。

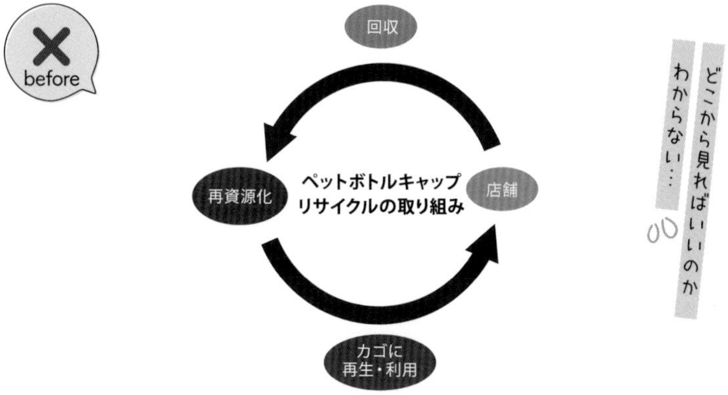

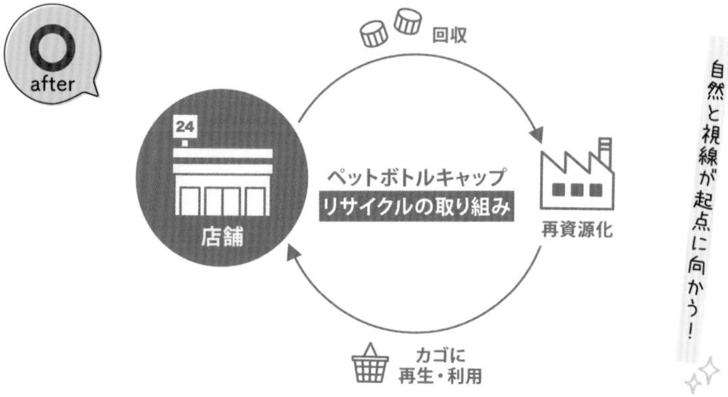

ココに着目

- 流れは必ず時計回りに
- 起点をハッキリさせる
- 矢印は細くしたり色を薄くして控えめに

\Point/ チャートの矢印はシンプルに

チャートや図解の矢印はグラデーションや過度な変形を使ったり、極太で目立つ矢印は避けよう。矢印を控えめにすることで文字や要素が引き立つ

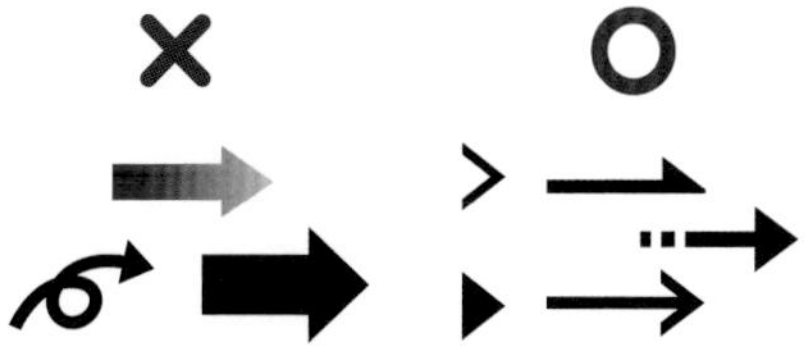

section 03 グラフとチャートの使いどころ

グラフやチャートは資料やスライドの他にも、いろいろな広告表現に使われています。商品のメリットをわかりやすく可視化したり、グラフやチャートそのものを主役にして商品をアピールしたり、広告の目的に合わせて活用することで、商品の魅力がさらに伝わりやすくなります。ここでは、グラフやチャートが効果を発揮する使いどころをいくつかご紹介します。

メリットを可視化

サービスや商品を売るとき、根拠のある数字は欠かせない訴求ポイントです。「数字をうまくデザインに活用しアピールしたい！」というときは、**文字でダラダラ書くよりグラフを活用**すると便利です。メリットが可視化され、魅力が伝わりやすくなります。

メリットがわかりやすい！

● アイキャッチグラフ

資料用のグラフは細かいデータや内容を読み取りやすく作りますが、商品アピールに使うグラフは、**アイキャッチとして大胆に作ってもOK。**目を引き訴求力を高めるため、派手に加工して目立たせるのも有効です。

\Point/ 効果的なアイキャッチグラフを作るコツ

❶ グラフの細かい数字や項目はけずり、アピールしたい内容を絞る

❷ グラフは配色や加工で目立たせて、しっかりと目を引く

❸ 数字が埋もれないように可読性に注意

数字が目に飛び込んでくる！

複雑な仕組みをイメージしやすく

メカニズムや流れなど商品の仕組みに魅力がある場合、チャートでわかりやすく示して積極的にアピールしましょう。文章では伝わりづらい仕組みも、チャートにするとイメージしやすくなります。

仕組みがわかりやすい！

\Point/ 広告で伝わりやすいチャートテクニック

1. できるだけ文字を減らし簡略化しよう
2. 要素にメリハリをつけて理解しやすくする
3. 難しい加工は不要、デザイン全体とトーンを揃えるだけで自然

チャートを崩して印象的に

スペースを広く使い、チャートを崩して見せるのも有効なテクニックの一つです。下の例のようにサービスの「手軽さ・簡単さ」を訴求したい場合、左から右に流れる単調なチャートより、**強弱をつけてリズミカルに流れを表現**したほうが、魅力が強調されて印象に残りやすくなります。

× before

悪くはないが印象に残りづらい…

○ after

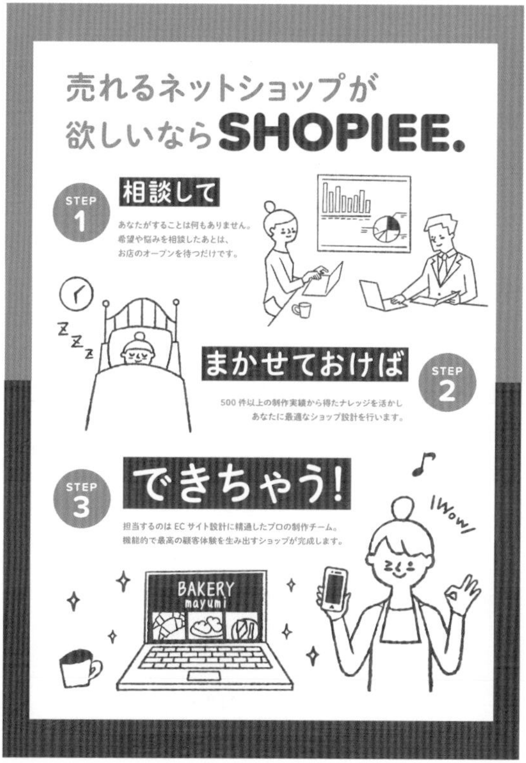

売りがテンポよく伝わり印象的に!

column 「お任せします」と言われるデザイナー

いきなりですが、私はかなりのくせっ毛で「パーマかけてるみたい」とよく言われます。今では大好きな自分のくせっ毛も、昔は似合う髪型が決まらなくてスタイリング剤や美容室に悩んだものでした。

特にもっとも悩ましいのが、信頼を寄せる美容師さんの退職です。私の髪質や悩みを理解して、「お任せします」の一言でいい感じにしてくれる美容師さんは、とても貴重な存在でした。

私は長年デザインの仕事をしてきて、よくこの出来事を思い出します。「この人に任せておけば大丈夫」という絶大なる信頼がなければ、安心して「お任せします」とは言えません。デザイナーもクライアントにとって、そういう存在でありたいものです。

そのためにはデザインのテクニック以前に、クライアントとのコミュニケーションがとても大事です。クライアントがどんな問題を抱え悩んでいるのかを、いろいろな角度から聞き出すことが効果的なデザインにつながり、結果としてクライアントの満足にもつながっていきます。

そしてクライアントの希望だけを追いかけてもいけません。クライアントの希望を考慮しながら、その先のお客様からも評価が得られるようにバランスをとることが大事です。実際に、私の担当美容師さんが作るスタイルは、私だけでなく、私の家族や友人・周りからの評判もバツグンでした。だからこそ私は「この人に任せておけば大丈夫」と信頼できたのです。

デザイナーは目先のテクニックに目を奪われがちですが、意外にもクライアントの信頼はコミュニケーション力や課題解決力から得られることが多いです。

テクニックは経験を積めば上達します。ぜひテクニック以外のところにも目を向けて、「お任せします」と言われるデザイナーを目指してみませんか。

Part

7

プロっぽく見える装飾レシピ

section

01 垢抜けはあしらいが決め手

デザインをプロっぽくするのに、あしらいは欠かせない存在です。
デザインのあしらいとは「**ふきだしやリボンなどいろいろな装飾**」を指します。細部を作り込むときやイメージの引き立て役にも、あしらいは大活躍します。ここでは代表的なあしらいと、あしらいを取り入れるコツを解説します。

まずはこれ、定番のあしらい

あしらいはたくさんの種類があり、アレンジや使い方も様々です。特に初心者は、どれをどう使えばいいのか迷ってしまいます。まずは幅広く使いやすい定番を6つ押さえると、作業効率がグンとアップします。

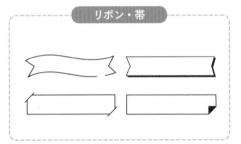

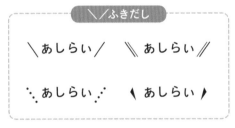

ふきだし

リボン・帯

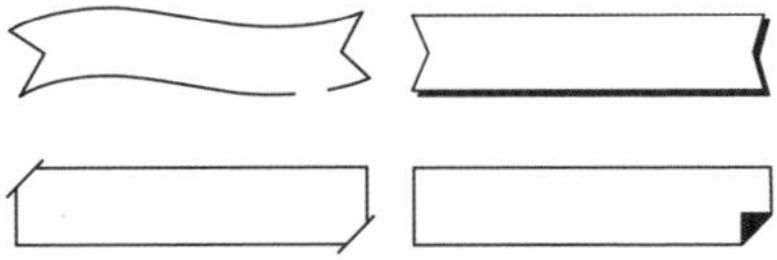

強調アクセント

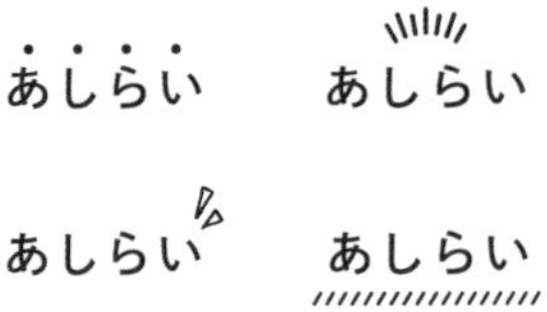

＼／ふきだし

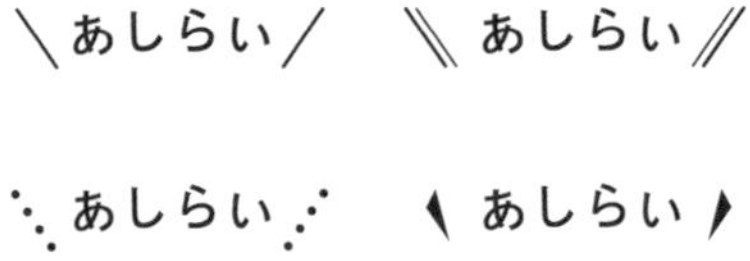

図形

イラスト

タイトル周りをリッチに

あしらいを使うコツは、まずタイトル周りをあしらいでリッチにすることです。P102の通り、タイトルをそれっぽくするだけでデザイン全体が見栄えします。定番のあしらいだけでも、充分タイトルを魅力的にできますよ。

ふきだし 文字が多いときはふきだしが便利。形はシンプルなものを選ぼう

＼／ふきだし ＼／ふきだしは、ふきだしよりも主張が控えめでどんなデザインにも馴染みやすい

強調アクセント アピールしたい部分に「・」をあしらうだけで目を引く

リボン 補足やサブタイトルにはリボンや帯が定番。デザインのアクセントにもなる

＼Point／ あしらい使いの心得

1. 定番を恐れないこと。ムリに個性を出そうとすると迷子の原因に
2. あしらいはあくまで引き立て役。使いすぎに注意しよう

散りばめる

図形やイラストはワンポイントで使うだけでなく、全体に散りばめるのも効果的です。なんだか物足りないときや特定の雰囲気を演出したいときに便利です。ただし、やりすぎるとゴチャつきの原因になることもあります。散りばめる量は加減しましょう。

図形

ポップで賑やかな印象を作るなら、カラフルな図形を散りばめるのが手軽

イラスト・＼／ふきだし

タイトルにあしらいを添えてリッチに。ガーランドや旗はよく使われるあしらい

水玉風に

シンプルに円を散らすだけでもサマになる。

イラストで楽しげに

イラストはテーマに合わせよう。線画が使いやすい。

敷く

色ベタ背景が寂しいとき、もうひと工夫欲しいときは、図形で作ったパターンや柄を背景に敷くとオシャレな印象に。慣れないうちは色やコントラストを調整し、主張を控えめに敷くとまとまります。

＼／ふきだし

タイトルは＼　／ふきだしでちょこっとアレンジ

図形（パターン・柄）

市松柄を背景に敷いてアクセントに。メイン要素の邪魔にならないよう控えめが◎

強調アクセント

コピーに下線をあしらうだけでもタイトルっぽさが出る。強調もできて一石二鳥

図形（パターン・柄）

背景に使いやすいストライプは、太さで主張が変わる。太いと力強く、細いと繊細なイメージに

＼アレンジ／ いろいろなあしらい背景

ドット

縦ストライプ

横ストライプ

和柄

section
02 万能あしらい！ 文字・線・フレーム

あしらいを使うことに慣れてきたら、さらにあしらいの幅を広げてみましょう。普段なにげなく使っている線や文字も、あしらいとしていろいろな表現に使えます。いつもとはちょっと違う使い方で、気の利いたあしらいテクニックを厳選してご紹介。本書でもいろいろなところで使っています。

あしらい文字

文字はデザインを整えるうえでとても便利です。オシャレなイメージを作ったり、抜け感を出したり、あしらいとして幅広い活用ができます。ここでは代表的なテクニックをいくつかご紹介します。身の回りのデザインにもたくさん使われているので、ぜひ見つけてみてください。

筆記体をあしらうとオシャレなイメージに！

\Point/ あしらい文字を使うコツ

❶ オシャレなイメージを作るならアルファベットがおすすめ

❷ あしらい文字は雰囲気が重要。必ずしも意味が通じなくてもOK

文字って万能！

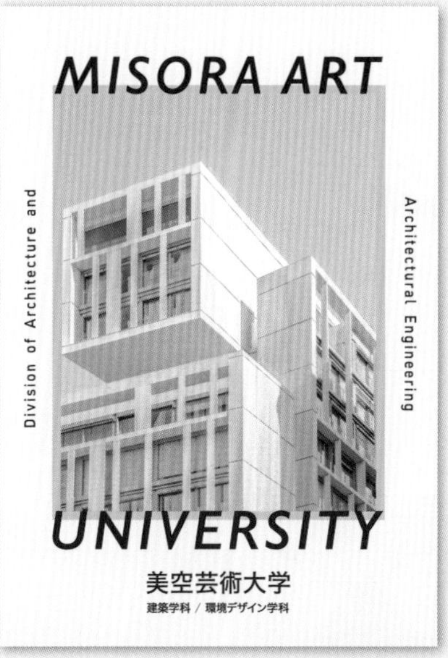

文字を左右に小さくあしらうと、洗練されたイメージに。上下や対角線上にあしらうのも、バランスがとれて◎

上下や左右に文字を大胆にあしらうとインパクト大。少し見切れるくらいが、バランスがとれてまとまりやすい

被写体の輪郭に沿わせるように文字をあしらうテクニック。印象的で抜け感のあるイメージが作れる

あしらい罫線

たかが罫線と侮るなかれ。罫線は要素を区切るだけでなく、デザインを引き締めたり、アクセントになったり、あしらいとしても大活躍します。「何か物足りないけど過度な装飾はしたくない」というとき、罫線を試してみるのもオススメです。

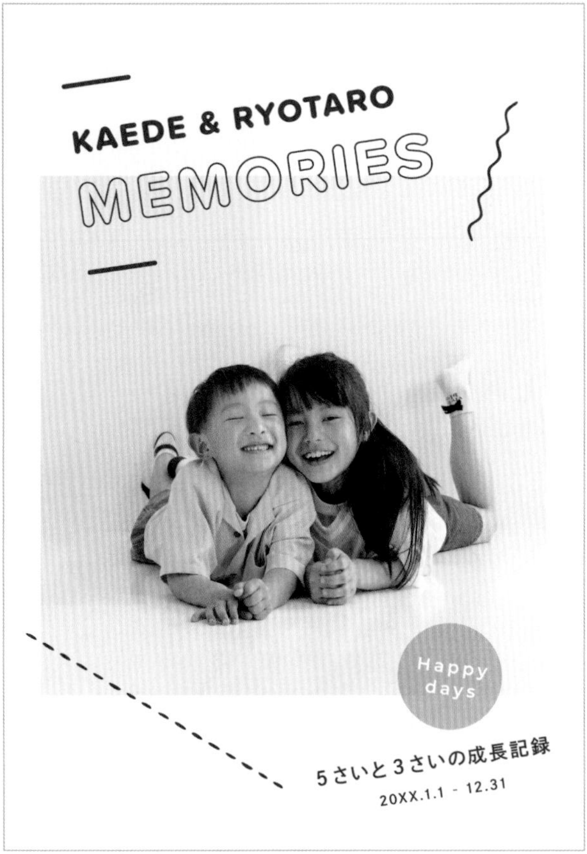

さりげないアクセントに！

\アレンジ/ いろいろな罫線

罫線は多種多様、イメージに合わせて選ぼう！

よく使う罫線アレンジ

罫線はシンプルだからこそ汎用性抜群で、アレンジ次第でいろいろな表現に対応できます。特に罫線は部分的にさりげなく使うことが多く、ちょこっとあしらうだけでパーツが引き締まります。日々目にするデザインも参考に、罫線アレンジの引き出しを増やしておくと便利です。

文字や要素の間

たくさんの
嬉しい声が
寄せられました。

ゴールド会員様限定

SALE

MAX50%OFF

下線で引き締める

NEW!

vol.01

※一部対象外商品アリ

はさみこむ

スキルがなくても簡単にネットショップが作れました。テンプレートの項目を埋めるだけなので、心折れずに利用できました。

TOKYO
ART
EXHIBITION
20XX

見出し・タイトルのアクセント

ブリリアントのダウンコート

歴史あるスポーツウエアの開発技術を活かしたブリリアント。
カジュアルな装いだけでなく、上品な印象を生み出す高機能ダウンコートが人気。

STANDARD

業務に必要な必須機能と
優先サポート付き

あしらいフレーム

使うだけでデザインの完成度が高くなるフレーム。デザインを囲ってまとまりを出したり、独特な世界観を演出したり、フレームを使うシーンはたくさんあります。部分的にタイトルやパーツに使うのも便利です。

全体を囲うと一体感が生まれる！

\Point/ 失敗しないフレームのコツ

1. テーマに合ったものを選ぼう
2. フレームはあくまで引き立て役、シンプルなものが使いやすい
3. フレームの使いすぎに注意。1デザインに1つ、多くても2つまでにしよう

フレームで魅せる！まとめる！

デザインの周りにフチをあしらうフレームテクニック。簡単にできて洗練されたイメージになる

イラストフレームはアイキャッチに便利。テーマに合わせて世界観を表現しよう

タイトル周りをフレームにおさめれば一気に完成度アップ。あとは背景にテクスチャやパターンなどを敷くだけで、レイアウトがまとまる

column イメージ作りのポイントをまとめておこう

デザインをしていると、クライアントから「スタイリッシュな感じで」「真面目で信頼感のある感じで」「かわいい感じで」というように、雰囲気やイメージでオーダーされることがあります。こうした雰囲気やイメージにはそれぞれ、写真やフォント・配色や余白のとり方などに傾向やポイントがあり、それらを押さえてデザインすると闇雲に作るよりもはるかに効率的です。

P108「デザインをたくさん見よう」で話したように、日頃からできるだけ多くのデザインに触れ、いろいろなイメージの傾向やポイントをメモするように心がけましょう。希望のイメージをヒアリングしたときにパッとポイントが頭に浮かぶようになるには経験も必要ですが、「こうするとかわいい感じが作れるんだな」と必要なときに思い出せるように、イメージ作りのポイントをまとめておくと便利です。

例：ビジネス感のイメージ作り

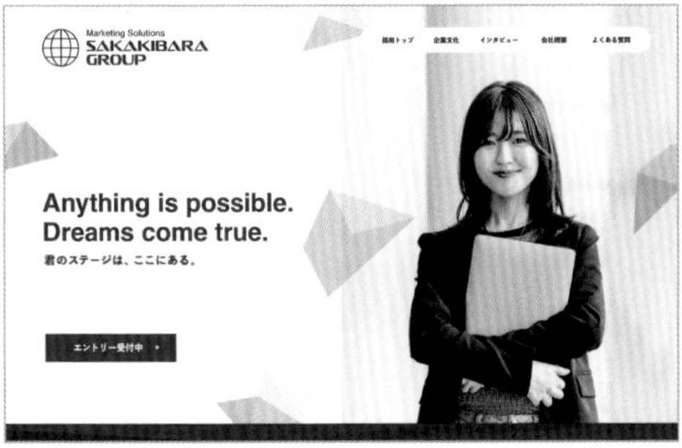

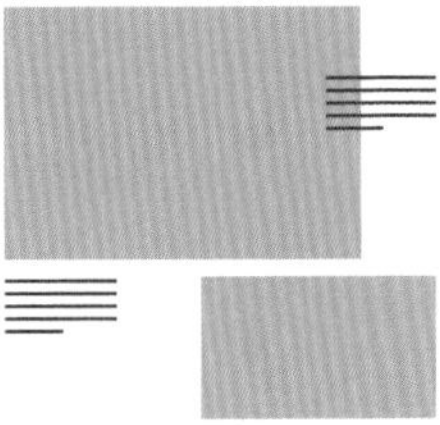

直線で構成し真面目で誠実なイメージに

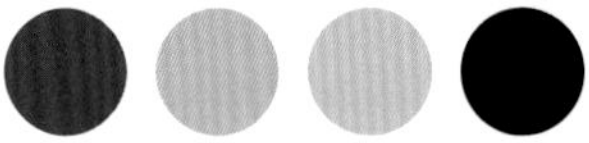

信頼感や知性を感じる青系＆モノトーンで配色

源ノ角ゴシック

ヒラギノ角ゴ　Helvetica

フォント選びは個性派を避けオーソドックスに

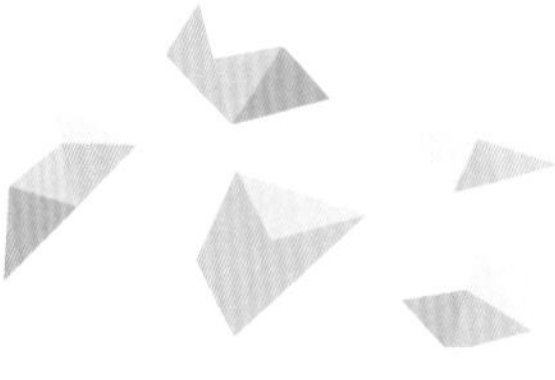

幾何学的な装飾も相性がいい

画像はビジネスを連想させるものを

おわりに

この本を書き始める前は「私のこれまでの経験に一冊書き上げるほどのトピックやノウハウなんてあるだろうか…？」と半信半疑でした。しかし、いざ書き始めてみると「これを知ってると便利かも。実務で役立つからこれも書いておこう！」とトピックが溢れ、それらを一冊にまとめるために、厳選に厳選を重ねることとなりました。

また、ノウハウの解説だけではなく、作例やアレンジネタなどそのまま実務で使えるエッセンスもできる限り盛り込んで作ったのがこの本です。その結果デザインの基本から、実務で使えるちょっとした応用までがギュッと詰まったデザイン書ができました。

最後となりますがこの場をお借りして、この本を作るキッカケをいただき執筆中の私を温かく見守ってくださった大前さん、私のワガママにいつも快く対応してくださった岡野さん、そして本書の出版に関わってくれた全てのみなさまに深く感謝を申し上げます。

そしてこの本が、デザインで悩むあなたの一助となることを心より願っております。最後までお読みいただき、本当にありがとうございました。

木村 宏明

[著者のプロフィール]

木村宏明

HAMMOCK Design 代表。アートディレクター / グラフィックデザイナー。武蔵野美術大学基礎デザイン学科卒業後、デザイン事務所・事業会社を経て、2022 年より HAMMOCK Design を立ち上げる。グラフィックデザインをベースにブランディングや販促プロモーション、パッケージや Web サイトなど、幅広いジャンルのアートディレクション・デザインを手掛ける。

X（Twitter）：@kimudesign

URL：https://x.com/kimudesign

[参考文献]

『ノンデザイナーズ・デザインブック』Robin Williams（マイナビ出版）
『デザイン入門教室』坂本伸二（ソフトバンククリエイティブ）
『なるほどデザイン』筒井美希（エムディエヌコーポレーション）
『文部科学省後援 AFT 色彩検定公式テキスト 2 級編』（内閣府認定 公益社団法人 色彩検定協会）
『文部科学省後援 AFT 色彩検定公式テキスト 3 級編』（内閣府認定 公益社団法人 色彩検定協会）
『とりあえず、素人っぽく見えないデザインのコツを教えてください！』ingectar-e（株式会社インプレス）
『デザイン解体新書』工藤強勝（ワークスコーポレーション）
『実例付きフォント字典』（パイ インターナショナル）

プロっぽいセンスが身につく

デザインのきほん

2024年5月31日　初版　第1刷発行
2024年8月15日　初版　第2刷発行

著　　　者	木村宏明
装　　　丁	植竹裕（UeDESIGN）
カバーイラスト	BadBrother（Shutterstock.com）
発　行　人	柳澤淳一
編　集　人	久保田賢二
発　行　所	株式会社ソーテック社
	〒102-0072　東京都千代田区飯田橋4-9-5　スギタビル4F
	電話（販売部）03-3262-5320　FAX 03-3262-5326
印　刷　所	TOPPANクロレ株式会社

ISBN978-4-8007-3038-1
